HISTOIRE

DU PÊCHER.

PARIS. — IMPRIMÉ PAR E. THUNOT ET Ce,
Rue Racine, 26, près de l'Odéon.

HISTOIRE
DU PÊCHER

ET

DE SA CULTURE,

PAR M. DUVAL,

JARDINIER A LA FERME DU HAUT-CHAVILLE,

Près Viroflay et Meudon.

PARIS,

LIBRAIRIE ENCYCLOPÉDIQUE DE RORET,

RUE HAUTEFEUILLE, 10 BIS.

1850

HISTOIRE

DU

PÊCHER ET SA CULTURE,

PAR M. DUVAL,

JARDINIER A LA FERME DU HAUT-CHAVILLE,

Près Viroflay et Meudon.

(**Extrait de l'*Agriculteur Praticien*.**) (1)

I. INTRODUCTION.

On a dit et écrit tant de choses sur la culture du pêcher, qu'il peut paraître superflu de s'en occuper encore ; mais, quoique admirateur des ouvrages des savants qui ont eu le courage de traiter ce sujet, j'ai remarqué, comme praticien, quelques erreurs que je prendrai la liberté de signaler aux amateurs de la culture du pêcher.

Les auteurs qui ont écrit sur cette culture s'accordent à regarder le pêcher comme originaire de la Perse, d'où, selon M. Lelieur, il aurait été transporté en Italie par les Romains qui, plus tard, l'auraient eux-mêmes apporté dans les Gaules au temps de leurs conquêtes. Que ce bel arbre ait la Perse pour patrie, c'est un fait que j'accepte de grand cœur, et on doit une grande reconnaissance à celui qui le premier l'a introduit en France ; mais il y a aussi beaucoup de pêchers à l'île de France, non pas cultivés en espalier, comme chez nous, mais en plein vent et sans culture spéciale, tandis que l'abricotier ne peut pas y prospérer; et si on ajoute foi aux propriétaires du pays, les noirs vont cueillir les pêches et les oranges pour la table de leurs maîtres.

Noisette, que la mort vient de frapper, possédait un pêcher qu'il avait reçu d'Ispahan, preuve évidente qu'il existe des pêchers dans le pays qu'on lui assigne pour patrie ; mais le pêcher trouvé sur le bord de la mer de Gascogne, par M. Catros, ne signifie pas que cet arbre soit indigène à cette partie de la France, car on l'aurait reconnu plus tôt, c'est-à-dire avant 1828 ; seulement je pense que le sujet pourrait bien provenir de quelques semences apportées par la mer et déposées accidentellement, à peu près de la même manière que l'*amarillis sarniensis* l'a été à Guernesey; mais la disposition de ses branches à se diriger vers la terre, et sa reproduction par semences sans variation constituent une véritable espèce qui sera une bonne acquisition pour l'horticulture qui, probablement, perfectionnera cette singulière variété.

En lisant le voyage de M. Michaux aux Etats-Unis, on trouve qu'en explorant des parties encore peu ou point connues, ce naturaliste a vu, près des habitations des naturels, une quantité prodigieuse de pêchers dont les fruits servaient à la nourriture des porcs qui, dans ce pays, sont errants; ainsi, on

(1) Journal mensuel d'agriculture et d'horticulture, rédigé par des praticiens, 6 fr. par an, chez M. Roret, éditeur, 10 bis, rue Hautefeuille, à Paris.

peut croire, et il est même évident, que ce ne sont pas les Persans qui ont porté des pêches dans ce pays encore peu habité et où l'on était alors obligé de faire de longues courses avant de trouver un pauvre village; il est à regretter que parmi les nombreux envois de graines que faisait M. Michaux, il n'ait pas joint une certaine quantité de noyaux de ces fruits qui auraient plus facilement conservé leur faculté germinative que les nombreuses quantités d'espèces de chênes de ces régions; car il est présumable qu'il y a là des espèces de pêches qui diffèrent totalement des nôtres, quoique M. Michaux, en parlant de ces pêchers, n'ait donné aucun détail sur la forme, la saveur, la grosseur des fruits, leur coloris, le plus ou moins d'adhérence de la pulpe au noyau, et n'ait pas fait connaître si les fruits étaient lisses ou duveteux, si la végétation était fortement prononcée, ou quelle était la couleur ou la grandeur des fleurs, tous détails qui sont d'un grand intérêt pour les personnes qui s'occupent d'arboriculture. Il aurait pu nous dire encore quelles étaient la qualité et la substance du sol que ces arbres paraissaient habiter de préférence; il est vrai qu'un voyageur peut considérer tous ces détails comme superflus, car il n'est que trop vrai que tous ceux qui sont à la recherche des végétaux sont d'accord pour supprimer tous les détails relatifs à la qualité ou à la nature du sol qui les nourrit.

Sous le climat de Paris on multiplie facilement le pêcher au moyen de ses semences, dont quelques variétés se reproduisent plus ou moins franchement; mais, en général, on s'occupe peu des semis, et, soit insouciance, soit défaut d'intelligence, on apporte à la halle de Paris une grande quantité de fruits qui ne méritent pas de porter le nom de pêches, tandis que les cultivateurs pourraient semer des noyaux de nos plus belles et meilleures pêches, dont ils obtiendraient assurément des variétés d'un grand mérite, qui se vendraient un prix plus élevé, et, quoique d'un débit plus facile, ils finiraient par abandonner la culture d'individus dont les fruits n'ont aucune qualité; mais, pour ces cultivateurs, un pêcher est toujours un pêcher; leurs pères leur ont laissé des héritages plantés de vignes, et çà et là quelques pêchers; ils les acceptent tels qu'ils sont; la routine est toujours là, ils ne pensent à rien perfectionner; ils savent bien tailler et soigner leurs vignes, mais ils ne se croient pas capables de pouvoir tailler leurs pêchers, ou du moins ils ne s'imaginent pas que la taille et l'ébourgeonnement puissent leur être de quelque utilité. Ces arbres sont abandonnés à eux-mêmes, en sorte qu'ils sont toujours dégarnis dans leur partie inférieure et n'ont de verdure que vers l'extrémité; qu'ils présentent, en général, une physionomie peu convenable, et qu'ainsi élancés, ils sont exposés à être beaucoup tourmentés par les vents qui jettent les fruits par terre, tandis que s'ils soumettaient leurs arbres à une taille raisonnée, ils pourraient la maintenir assez basse pour que le vent n'ait aucune prise sur eux, qu'ils n'auraient pas besoin d'échelles pour cueillir leurs fruits et que ceux-ci ne pourraient tomber; ils ne soupçonnent même pas qu'ils pourraient obtenir d'aussi beaux fruits que les Montreuillois, s'ils avaient les espèces convenables; ils auraient même cet avantage de les vendre quinze jours plus tard, la maturité étant retardée par l'absence de murailles. La grosse mignonne, par exemple, qui mûrit vers la fin d'août, ne se cueillerait qu'au commencement de septembre.

J'ai parlé de semences parce que je sais que ces cultivateurs ne voudraient pas acheter des arbres greffés pour mettre dans leurs vignes, qu'ils regarderaient cette transplantation comme de l'argent perdu; d'habitude ils sèment, et cela leur suffit; je connais de fort beaux enclos où il existe ainsi des pêchers livrés à eux-mêmes qui, faute de soins, sont condamnés à être arrachés; il ne faudrait cependant que bien peu de chose pour les ramener à un état de santé satisfaisant, et en un seul été on pourrait, au moyen d'un rapprochement bien combiné, les remettre en état de donner des fruits l'année suivante, car ces arbres, quoi qu'en disent certains praticiens, repercent bien sur le vieux bois, et quand on a soin de les tenir à la serpette, on peut en faire d'excellents sujets. Assurément ils sont exposés davantage que ceux d'espaliers aux intempéries du printemps; la cloque provoquée par les vents et les pluies froides les accablent, comme, par exemple, en 1847 et 1848; mais avec quelques soins et de la patience on peut les sauver.

La cloque, qui effraye tous les amateurs de pêchers, au point qu'ils font dégarnir ou supprimer toutes les feuilles cloquées, est cependant une maladie qui n'est nullement contagieuse, mais seulement passagère; elle n'a pour cause que les vents froids qui existent au moment du développement des feuilles, lesquelles se trouvant saisies et ne pouvant s'étendre, la séve qui pousse toujours forme les boursouflures qui sont si désagréables à l'œil. Il y a même beaucoup de bourgeons qui, ainsi saisis, se compriment, s'arrêtent, forment une espèce de monstruosité et meurent; les personnes qui ont des arbres en espaliers croient bien faire en faisant éplucher ou supprimer toutes les feuilles cloquées, elles ne font pas attention qu'elles mettent les fruits à découvert, et que se trouvant subitement exposés aux injures du temps, ils durcissent et finissent par tomber. J'invite donc les amateurs de pêchers, dans leur intérêt, à ne supprimer en rien ces feuilles cloquées, car au premier beau temps elles quittent l'arbre d'elles-mêmes et disparaissent insensiblement et successivement, les unes après les autres, celles qui succèdent à celles-ci protégent les fruits de manière qu'ils ne se trouvent aucunement avariés; alors c'est le moment de rechercher tous les rameaux morts ou mourants et de les supprimer convenablement; la végétation du pêcher se faisant promptement, la maladie disparaît entièrement; les vignerons qui ne connaissent pas cette maladie se plaignent que leurs arbres sont brûlés parce que, assez souvent, les branches meurent pour la plupart, mais c'est bien le froid et l'humidité qui les ont fait périr.

C'est toujours parmi les vignes ou les plantations de groseilliers que les cultivateurs sèment ou plantent leurs pêchers à des distances plus ou moins rapprochées, mais toujours à ce qu'ils ne puissent nuire aux plantes qui les environnent, puis ils les laissent pousser à volonté; mais, dans leur intérêt, voici ce qu'ils devraient faire : se procurer des noyaux de pêches grosse mignonne ou belle Beauce, bourdine, admirable ou pourpré hâtive, ficher un échalas ou tuteur à chaque endroit où l'on doit déposer les semences, puis, dans les premiers jours de novembre, placer trois ou quatre noyaux autour de l'échalas; je dis trois ou quatre parce qu'il se rencontre des noyaux qui ne contiennent pas d'amandes, quoiqu'il y en ait qui en renferment deux; il vaut mieux avoir de quoi choisir, soit le sujet qui est le plus vigoureux, soit celui qui montre les plus larges feuilles; ces noyaux étant déposés en novembre sortiront de terre vers le milieu d'avril, et si le terrain a été préalablement défoncé, ces jeunes plants devront pousser vigoureusement. A mesure qu'ils végéteront, il faudra les fixer à l'échalas au moyen de liens de paille ou de jonc, afin que le vent ne les tourmente pas, car ces jeunes plants ne poussent quelquefois qu'une seule racine ou pivot, et quand il fait du vent accompagné de fortes pluies, il les renverse sur le côté.

Il n'y a rien à leur faire cette première année, si ce n'est de leur donner un léger binage pour détruire les plantes qui pourraient nuire à leur accroissement; mais vers la fin de février il faudra les rabattre à 40 ou 45 centimètres au-dessus de terre, il sortira alors deux ou trois forts bourgeons qui à l'avenir devront former la charpente de l'arbre; lorsque ces bourgeons auront acquis 30 centimètres de longueur, il faudra pincer les extrémités pour les obliger à se ramifier, puis les laisser pousser à volonté. Au printemps, les ramifications auront peut-être déjà des boutons à fleurs au-dessus desquels on pourra établir la taille, mais ces ramifications, dépourvues de fleurs, se tailleront à un ou deux yeux au plus. Quant aux bourgeons terminaux, ils seront taillés, suivant leur vigueur, de 40 à 60 centimètres. A cette époque le pivot a dû développer des racines latérales, qui vont déterminer une forte végétation; c'est pourquoi il faudra surveiller les rameaux les plus vigoureux et les pincer de bonne heure, c'est-à-dire quand ils auront acquis environ 15 à 18 centimètres de longueur, par ce moyen on multipliera les bourgeons à fruit et on forcera l'arbre de se garnir amplement dans la partie inférieure. Les bourgeons terminaux seront aussi pincés lorsqu'ils auront acquis une longueur de 30 à 40 centimètres, et il faudra ménager ou choisir quelques bourgeons inférieurs des plus vigoureux pour en faire de nouvelles branches principales pour que l'arbre soit toujours bien garni.

A la taille suivante il devra se trouver une grande quantité de fleurs à tous les bourgeons. Chaque bourgeon ou rameau inférieur devra être taillé suivant sa force; les faibles, à deux ou trois yeux, les plus forts, à quatre ou cinq, et on peut même allonger quelques-uns des rameaux jusqu'a la longueur de 30 centimètres ou davantage, en ayant soin d'enlever au ras de l'écorce les yeux qui ne seraient pas accompagnés de boutons à fleurs; mais dans ce cas, il faut avoir la précaution de se ménager l'œil le plus rapproché de l'insertion ou la naissance du bourgeon, afin qu'après le fruit récolté on puisse le supprimer et avoir un autre rameau pour le remplacer. Il devra en être de même pour toutes les tailles moins longues ; si, par exemple, on a taillé à trois yeux et qu'il y ait eu du fruit au deuxième et au troisième œil, il faudra le retrancher sur le plus près de la principale branche, par ce moyen on a toujours du jeune bois et toujours de quoi tailler.

S'il naît dans la partie inférieure de l'arbre un bourgeon fort que l'on n'attend pas, bourgeon qui se nomme vulgairement *gourmand*, il faut le conserver soigneusement, le pincer avant qu'il ait pris trop d'accroissement et en faire une branche principale bien garnie de rameaux à fleurs ; cette branche est la preuve qu'il s'est développé quelque nouvelle racine qui contribuera à la prospérité de l'arbre. C'est ainsi que tous les ans les rameaux à fruits peuvent être renouvelés ; il ne doit y avoir ni bois mort, ni onglets, qui soient désagréables à l'œil.

Les renseignements que je donne ici ne sont adressés qu'aux personnes qui ne veulent pas disposer leurs arbres avec symétrie, mais néanmoins, d'après ces indications, on peut récolter d'aussi beaux fruits que ceux d'espaliers, même de Montreuil. Des arbres tenus ainsi en buissons peu élevés tiennent moins de place, sont aisés à soigner, moins exposés à être tourmentés par les vents et ont encore l'avantage d'être faciles à préserver des gelées du printemps, car, une fois la taille terminée, il suffit de planter autour de chaque arbre quatre tuteurs un peu plus hauts que l'arbre, d'attacher en croix deux petites perches, sur lesquelles on déposerait des branches de genêt ou de grande fougère qui suffiraient pour les garantir. La gelée est moins à craindre dans des positions aérées que dans un jardin bien clos, où l'air est arrêté par les murailles et ne peut établir un courant. Le modeste abri que j'indique ici a encore l'avantage de s'opposer aux grêles et giboulées, qui ne peuvent tomber sur les fleurs et les endommager ; la neige aussi se trouve arrêtée par la faible couverture et forme un second abri. Au premier beau temps, on enlève tous les branchages, et grâce à l'air qui circule librement les fruits ne doivent aucunement souffrir.

Quant aux personnes qui voudraient traiter leurs pêchers avec un peu plus d'ordre et de régularité, il est une méthode dont ils pourraient se servir ; les préliminaires en sont les mêmes que ceux que je viens d'exposer jusqu'à la première taille qui devra consister à rabattre le sujet à 45 centimètres environ du sol. Pour peu que le sujet soit vigoureux, il poussera trois ou quatre bourgeons, lesquels étant naturellement opposés les uns aux autres, devront être attachés séparément, chacun à un petit tuteur, en ayant le soin de les attirer le plus possible en dehors sans cependant les éclater de la tige, afin de les disposer à former à l'avenir la charpente d'un vase ou gobelet. Si l'un des bourgeons voulait prendre plus de force que les autres, il faudrait le pincer pour le contraindre et ainsi obliger la sève à refluer chez ses voisins. On pourrait même le pincer au besoin une seconde fois s'il le fallait. Les petits bourgeons du dedans et du dehors devront être supprimés et on conservera seulement ceux des côtés. A la deuxième taille, qui se fera dans le courant de février, on réformera les tuteurs et on adaptera dans l'intérieur un petit cerceau que l'on peut fabriquer soi-même avec un fort osier ou une baguette de noisetier, etc. Chaque rameau sera fixé au cerceau au moyen d'un osier, la taille sera proportionnée à la force des rameaux, environ 40 centimètres, s'ils sont forts et un peu moins s'ils sont plus faibles.

Lorsque l'arbre aura donné des bourgeons de la longueur de 45 centimètres, il faudra placer un deuxième cerceau un peu plus grand que le premier, qui servira à palisser les bourgeons latéraux et en même temps à donner de l'ouverture au vase ; si, de l'extrémité de la taille, il est sorti plusieurs bourgeons, il faudra supprimer ceux qui se trouveront au dedans ou au dehors et ne conserver que le mieux placé pour continuer une branche principale, et avoir l'attention de le pincer afin de faire ouvrir les yeux inférieurs qui devront former des branches à fleurs. Tous les bourgeons du dedans et du dehors devront être supprimés. Parmi ceux des côtés, il faudra en choisir quelques-uns des plus forts pour former quelques branches secondaires, afin que le vase en s'élargissant soit toujours assez garni.

Il existe sur le pêcher une espèce de branches faibles qui se trouvent presque toujours placées à la partie inférieure des principeaux rameaux et souvent à leur talon. Ces branches sont plus ou moins longues, depuis 3 centimètres jusqu'à 30 centimètres ; elles sont garnies de fleurs plus ou moins rapprochées dans toute leur longueur; quelques-unes, soit défaut d'air, soit excès de vigueur, ne sont dépourvues de fleurs que dans la partie supérieure; on doit également conserver entières et protéger ces sortes de petites branches qui, pour l'ordinaire, donnent toujours de beaux fruits. Il serait inutile de vouloir les diminuer de longueur, puisqu'elles n'ont qu'un seul œil qui est terminal; j'en ai vu cependant quelquefois disposées sur deux ou trois petits rameaux, mais elles sont rares et on peut toujours les conserver, car si les fleurs sont bien constituées elles noueront du fruit assurément; quant à celles qui n'ont que 5 centimètres de long ou même moins, elles sont plus fréquentes, surtout sur les pêchers de Madeleine rouge; les cultivateurs de Montreuil les nomment du nom assez impropre de *cochonnet*; je n'ai jamais pu savoir ni connaître l'étymologie de ce nom. Il me semble que pour qualifier ces excellentes petites branches on aurait pu se servir d'un nom moins barbare.

On peut conserver ces productions fruitières pendant plusieurs années sans les tailler; cependant celles qui se divisent en deux ou trois petits rameaux doivent, après la première récolte, être réduites à une seule et toujours la plus basse, c'est-à-dire la plus rapprochée de l'insertion; dans la crainte que le poids des fruits ne les entraîne, il est bon de les fixer avec un jonc après le corps d'une des branches voisines.

Il arrive quelquefois que, contre notre attente, il se développe du rudiment d'un œil spontanément formé au talon de cette petite branche fruitière un bourgeon que nous nommons bourgeon de remplacement; il faut profiter de l'occasion et protéger ce bourgeon pour succéder à la petite branche fruitière qui sera réformée après la récolte.

Quand on procède à l'ébourgeonnement, si l'on supprimait tout ce qui devrait l'être, tant au dehors qu'au dedans du vase, il y aurait nudité, parce qu'il y a des circonstances où le plus grand nombre d'yeux sont ou en dessus ou au dedans; pour éviter cet inconvénient, au lieu de faire la plaie de la suppression à plat et ras l'écorce, on coupe obliquement en ayant soin de laisser à peu près moitié du talon du bourgeon qu'on supprime du côté où l'on désire qu'il y ait un bourgeon pour remplir le vide. On peut compter que par cette petite opération il repercera incessamment un bourgeon sur le côté du talon, bourgeon qui, étant dirigé, finira par remplir le vide. Ainsi tous les ans il faut ajouter un cerceau plus large à proportion de l'ouverture qu'on voudra donner à l'arbre.

Si l'on voulait planter des arbres greffés, il faudrait, comme nous avons dit, défoncer le terrain de 1 mètre à 1m,30 dans les points qu'on destine aux arbres, soit en faisant des trous d'avance, ce qui est meilleur, soit en remuant le sol sur une largeur de 1m,30 en carré. Les arbres devront être greffés en nains, tels qu'on les trouve chez les pépiniéristes, et sur amandier, parce que celui-ci est le sujet par excellence, celui qui est le plus solide, le plus robuste, qui conserve le plus longtemps sa végétation, puisque souvent il végète encore lorsque les gelées arrivent. Il est bon de se rappeler qu'il réussit mal dans les terrains marécageux ou susceptibles d'être inondés; mais prospère dans tous les terrains où l'eau ne domine pas; il fait merveille dans les déblais de carrières, les terres argileuses, les terres franches, celles pierreuses ou siliceuses; c'est un arbre robuste, soutenu par de très-fortes racines qu'il enfonce à une grande profondeur, et lorsqu'il est livré à lui-même, il forme un arbre d'une assez grande dimension. Il est même tellement solide sur son pied, que l'on n'en voit jamais de renversés par le vent. Il en existe encore de très-beaux sur les hauteurs du Père-Lachaise ou Mont-Louis et dans les vignes de Ménilmontant; les habitants de ces quartiers en cueillent les fruits en vert et en approvisionnent la halle de Paris.

Le pêcher greffé sur amandier étant bien soigné vit très-longtemps. S'il arrive quelquefois, par accident, que le pêcher meure, le sujet amandier n'est pas pour cela perdu, on peut le scier au-dessous de la greffe et il repousse de la souche de forts rameaux qu'on peut greffer, et au moyen desquels on peut rétablir l'arbre en peu de temps; lorsque l'arbre est en train de végéter, il est facile de choisir le plus beau jet, de supprimer tous les autres, d'attacher celui conservé à un tuteur, puis, dans le courant du mois d'août, de lui poser deux écussons soit en sens opposés ou au-dessus l'un de l'autre, puis, quand arrive le mois de novembre, d'envelopper ces mêmes greffes avec un morceau de papier, une feuille de platane ou de châtaignier afin de les préserver de pluies froides, neiges, verglas, etc., qui ordinairement détruisent l'œil de l'écusson, quoique celui-ci reste vert et parfaitement collé au sujet; au mois de mars on développe la greffe, on rabat le sujet à 6 ou 8 centimètres au-dessus, et lorsque celle-ci entre en végétation on lui donne un tuteur auquel on l'attache à mesure qu'elle pousse, pour la protéger contre le vent. Il ne serait pas du tout étonnant qu'une greffe ainsi soignée parvienne à une hauteur de 2 mètres dans le cours de l'été.

Si le propriétaire est pressé de récolter, il y a un moyen d'arriver plus vite; au lieu de laisser pousser le jet verticalement, il faut, au contraire, lorsqu'il aura acquis seulement 30 centimètres de longueur, le pincer; la sève arrivant en abondance fera naître deux ou trois et peut-être quatre forts bourgeons qui pourront de suite être utilisés à donner la première forme à l'arbre.

On ne peut nier que les cultivateurs de Vitry, près Paris, ne soient d'habiles et adroits greffeurs, cependant il est des années, par exemple 1847, où la greffe du pêcher réussit mal, ce qui occasionne la rareté ainsi que la hausse du prix de cette espèce d'arbre. Je me permettrai de leur dire, tout en déplorant leur disgrâce, qu'il y a un peu de leur faute; ils savent parfaitement bien que l'inclémence de la saison influe singulièrement sur la santé du pêcher, alors pourquoi n'abritent-ils pas les écussons de pêchers? Ils ne manquent pas de feuilles de platane dans leurs pépinières, et avec quelques centaines de ces feuilles, chaque cultivateur pourrait conserver ses greffes. C'est une besogne qu'un enfant peut faire; il ne s'agit que de contourner la feuille plusieurs fois sur l'écusson et de la fixer au-dessus de l'œil avec un jonc auquel on fait faire deux fois le tour pour plus de solidité; les horticulteurs, les praticiens cultivateurs de roses qui entendent bien leur partie, abritent ainsi les écussons de leurs espèces délicates, et les conservent ainsi. Un pêcher est également digne qu'on s'intéresse à sa santé, à sa prospérité aussi bien qu'à celle d'un rosier, pourquoi ne ferions-nous pas pour lui autant que pour un rosier?

Des auteurs qui ont écrit sur la culture du pêcher, n'ont pas craint d'avancer que la non-réussite d'une greffe faite par une main exercée annonçait toujours, dans le sauvageon, un vice radical; mais c'est une erreur; je viens de dire tout à l'heure le motif pour lequel les greffes ne réussissent pas; les pépiniéristes n'ont pas intérêt à greffer des sujets vicieux, ils les connaissent très-bien et peut-être mieux que leurs détracteurs qui, sans doute, n'ont pas bien étudié la physiologie du pêcher. Ils vont jusqu'à dire que l'amandier ne reprend pas lorsqu'il a quelques années d'âge, parce qu'il est muni de trop fortes racines; mais ceci porte encore à faux, et j'en donnerai la preuve tout à l'heure; je dirai seulement ici que pourvu qu'on ait le soin de ne pas écorcher les racines ni de les mutiler ou raccourcir, de faire des trous le plus profond possible et de bien remuer la terre, la qualité ne fait rien, et pourvu aussi qu'on ne mélange pas de fumier à cette même terre; je garantirais volontiers une plantation d'amandiers pour lesquels on aura apporté l'attention et les soins que je viens d'indiquer.

Il est bien vrai que la racine de l'amandier est d'une consistance assez dure, mais le parenchyme ou la pellicule qui la recouvre est très-mince, la couche d'aubier qui entoure le corps de la racine est très-tendre, le moindre contact ou frottement constitue autant de plaies ou meurtrissures; en sorte qu'on ne peut prendre trop de précautions pour le déplanter. Cet arbre est aussi très-sensible au froid; pour peu qu'il reste exposé à une gelée blanche il est perdu; néanmoins on ne s'en aperçoit pas facilement, parce que la racine conserve toujours une apparence de fraîcheur qui fait que beaucoup de personnes se trompent; si l'on examine un pêcher déplanté sans précaution, on verra toute la partie extérieure des racines garnie de meurtrissures rougeâtres occasionnées par les tiraillements et la pression qu'elles ont éprouvés. La terre étant encore sèche et dure au moment de la déplantation, si de tels arbres sont mis en jauge en attendant qu'on les plante, et qu'ils y restent seulement trois semaines, on trouvera, quand on les retirera, que les meurtrissures et les cavités formées à la naissance des grosses racines près du tronc seront attaquées de moisissure; c'est pourquoi, lorsqu'on plante des pêches, il faut toujours planter dans de la terre bien meuble, plutôt sèche que mouillée, afin qu'elle puisse s'introduire parfaitement dans tous les vides que forment les enfourchements des racines. On est toujours à même de rendre la terre humide en versant un arrosoir d'eau au pied de chacun après la plantation terminée: cette eau plombera la terre et la fixera près des racines. Une plantation de pêchers ainsi exécutée en novembre ne peut manquer de réussir ; vers la fin de février il y aura déjà de nouvelles spongioles ou racines principales tout à fait blanches, qui annonceront la reprise assurée des arbres et une bonne végétation pour l'avenir.

Dans un jardin que je fus chargé d'établir à Bellevue, près Meudon, je me trouvai dans la nécessité de détruire deux forts amandiers ; mais le propriétaire, qui y tenait beaucoup, exigea qu'ils fussent déplantés et indiqua lui-même l'endroit où il voulait qu'on les plantât. Je fis quelques observations et lui témoignai du doute sur la réussite de notre opération ; les arbres étaient en fleurs, et c'était une raison de plus pour m'inspirer des craintes de ne pas réussir. Nous nous mîmes cependant à l'ouvrage, nous déplantâmes avec les précautions nécessaires et les soins possibles, et j'ai eu la satisfaction de voir que ces arbres n'en ont nullement souffert et qu'ils sont encore existants et pleins de santé.

L'amandier, comme beaucoup d'autres végétaux, n'aime pas à avoir le tronc trop enfoncé en terre ; il préfère avoir la naissance de ses fortes racines exposée à l'air ; j'estime qu'il est au pêcher ce que le sauvageon égrin est au poirier. Il est d'une nature très-vivace, aussi le pêcher greffé sur amandier dure longtemps lorsqu'il est gouverné par des mains habiles ; mon père en a planté dans l'ancienne propriété de M. Gerbier, à son château de Franconville-sous-Bois, qui, selon le rapport du nouveau propriétaire, M. Hamelin, étaient encore vigoureux et donnaient d'aussi beaux fruits après 70 ans de plantation.

Le pêcher étant d'une constitution plus délicate meurt quelquefois spontanément, soit par un coup de soleil, soit par un éclair qui le tue à l'instant, puis les fortes gelées l'endommagent beaucoup en faisant périr une partie des branches principales. Les hivers de 1788, 1795, 1819 et 1829 leur ont été très-funestes, quelques-uns sont morts entièrement jusqu'à l'insertion de la greffe ; mais heureusement que ces désastres n'arrivent que de loin en loin et que le sauvageon n'étant pas endommagé repousse des rameaux vigoureux, parmi lesquels le jardinier intelligent peut en choisir un, le greffer, et en peu de temps refaire un arbre tel que je viens de l'expliquer tout à l'heure ; j'ai fait cette expérience plusieurs fois et m'en suis toujours bien trouvé, entre autres une fois, le 30 août 1809, je perdis un pêcher chargé de ses fruits par un coup de tonnerre qui, plus loin, avait brûlé, sur une longueur de 12 mètres, des feuilles de vigne sans avoir endommagé le raisin, mais le pêcher était tué et le mur démoli. Au printemps suivant, mon arbre repoussa du pied, ainsi que je m'y attendais ; je préparai mon sujet et le greffai à l'époque convenable, je plaçai deux yeux en opposition ; l'année suivante, au mois de septembre, j'avais un pêcher qui portait 4 mètres de largeur sur 2 mètres de hauteur, parfaitement garni de rameaux à fleurs pour l'année suivante. Je préfère une semblable opération au conseil que donne M. le comte Lelieur qui, dans son excellent ouvrage de la Pomone française, condamne le recépage du pêcher, regarde cette opération comme un grand inconvénient et préfère arracher l'arbre usé, dit-il, et en replanter un autre. Mais l'arbre que ce pomologiste croit usé ne l'est nullement ; le pêcher est effectivement mort ou mourant, mais ce n'est qu'un accident qui a une cause souvent difficile à prévoir ; le sujet qui portait la greffe est resté doué d'une constitution plus robuste que le pêcher auquel il donnait l'existence, il continue donc à végéter vigoureusement pendant peut-être un siècle ou davantage, car nul homme, praticien ou naturaliste, ne saurait dire, même approximativement, le temps que peut vivre un amandier.

M. le comte Lelieur contredit dans sa Pomone le conseil que donne M. Lepère, de Montreuil, quand celui-ci dit que pour rajeunir un pêcher usé il faut le rabattre jusque près du tronc de la greffe ; M. le comte soutient que le pêcher mourrait si on le rabattait, mais il est dans l'erreur à ce sujet ; nous avons tous les jours des exemples de pêchers recépés pour quelque cause que ce soit et qui n'en végètent pas moins vigoureusement après l'opération ; un propriétaire un peu curieux et qui prend intérêt à l'horticulture a encore plus d'intérêt de faire recéper un arbre qu'à le faire remplacer, mais à la condition que l'opération sera faite par des mains adroites.

Il est un fait qui ne peut être contesté et qui est à la connaissance de tous les praticiens instruits, c'est que le pecher greffé sur amandier reperce facilement sur le vieux bois ; que le pêcher greffé sur noyau de pêche reperce encore plus aisément, et que celui-ci greffé sur prunier ne reperce pas du tout ; j'aurai occasion d'en parler plus tard.

J'ai vu rabattre ou recéper tout un

espalier de pêchers qui avaient été gelés pendant l'hiver de 1795, tous donnèrent à travers la vieille écorce de superbes bourgeons au moyen desquels on les rétablit, et ils continuèrent de donner de beaux fruits, mais il faut dire qu'ils étaient greffés sur amandier.

Néanmoins, le recépage est un moyen un peu violent, et on ne doit y avoir recours que dans des cas tels que ceux que je viens de signaler. Il y a des horticulteurs qui en abusent, qui s'en servent dans des circonstances où ils pourraient agir avec plus d'intelligence; par exemple, lorsqu'un jardinier prend possession d'une place où les arbres d'espalier sont en mauvais état, qu'ils ont été négligés ou traités par un ignorant, l'idée du recépage lui arrive de suite; il n'a d'autre vue, d'autre intention que de donner une forme géométrique à ses arbres; les pêchers surtout sont pour lui l'objet d'une sollicitude toute particulière; il sait que le pêcher sur amandier reperce bien sur le vieux bois, puis il se met à l'œuvre avec les meilleures intentions; mais il ne réfléchit pas que cette opération va priver son maître pendant toute l'année de dessert. Or, que veut le maître? avoir du fruit en plus grande quantité possible. Que doit vouloir le jardinier? en fournir en abondance. Le maître ou la maîtresse de maison ne s'inquiètent guère de la forme plus ou moins régulière de leurs pêchers, mais ils ont le droit de vouloir que leur table soit bien garnie; c'est au jardinier à voir s'il peut remplir cette condition, alors ce n'est pas en recépant les pêchers qu'il la remplira; il ne devrait même pas y penser, mais prendre la chose telle qu'elle est et faire de son mieux. Parmi tous les arbres que je suppose abandonnés ou maltraités, il doit se trouver des rameaux garnis de boutons à fruits; avec un peu de jugement, de soins ou d'intelligence, on épluche ou protége les meilleurs de ces rameaux, la séve que consommerait ceux qu'on supprime passe au profit de ceux que l'on a conservés. On se rapproche peu à peu des branches principales, on met deux ou trois années à opérer avec prudence et sans se priver de récolte, ce que l'on aurait fait témérairement en une année, mais avec privation de fruits; l'ordre se trouve rétabli sans commotion et la circulation de la séve n'a été aucunement troublée dans son cours ordinaire. Je dis sans commotion, car on ne peut recéper un arbre de quelque espèce qu'il soit sans que la séve contenue dans les racines reste stationnaire pendant plus ou moins longtemps; les issues par où elle avait l'habitude de circuler lui étant interdites, elle est obligée de faire des efforts extraordinaires pour se créer d'autres canaux de sortie, et dans ce moment les spongioles ne fonctionnent plus jusqu'à ce que le courant soit rétabli.

Parmi les différentes variétés de pêchers que l'on peut cultiver en plein vent, je crois pouvoir citer le brugnon violet; j'en ai un auquel je porte des soins depuis huit années, je ne le garantis jamais, et cependant il se charge tous les ans d'une assez grande quantité de fruits, et malgré le printemps peu favorable de 1848 il ne s'est pas trouvé endommagé; ce fruit est encore un de ceux qu'on recherche sur les marchés, surtout à cause de l'époque où il entre en maturité.

Pour les cultivateurs qui veulent se donner la peine de tailler leurs pêchers il est une forme qu'ils pourraient encore adopter, c'est celle en pyramide ou en quenouille; mais celle en pyramide doit, je pense, leur convenir davantage, parce qu'ils pourraient lui donner un développement bien plus étendu qu'à la forme en quenouille, qui se trouve trop resserrée pour un arbre de plein vent. Les soins à donner à une pyramide sont simples et à peu près les mêmes dans la jeunesse de l'individu. Si c'est une semence que l'on a faite soi-même d'un noyau de pêche, il faudra, lorsqu'il aura acquis la hauteur d'environ 45 centimètres, le pincer à 30 centimètres du sol afin de le contraindre à se ramifier, c'est-à-dire à émettre deux ou trois petits rameaux dont les inférieurs seront conservés soigneusement pour commencer à former les branches principales ou latérales. A la taille, qui devra avoir lieu en février, on aura soin de tailler à deux ou trois yeux seulement et avec l'attention que le dernier soit placé en dehors. On conservera l'un des rameaux le mieux placé, c'est-à-dire celui le plus près de l'endroit du pincement, et on lui donnera une taille proportionnée à sa force, mais plutôt courte que trop longue, depuis 15 centimètres jusqu'à 26 centimètres; cette deuxième année la végétation sera beaucoup plus forte parce qu'il y aura une développement de racines assez considérable.

Il faudra avoir l'attention de mettre un tuteur afin de pouvoir fixer le bourgeon terminal pour qu'il ne puisse être cassé ou froissé le long du tuteur; ce rameau est celui qui formera à l'avenir la charpente principale de l'arbre, les deux ou trois autres bourgeons inférieurs seront soigneusement conservés; ceux qui pousseront des tailles précédentes seront aussi protégés; si les yeux inférieurs à ceux-ci donnaient des rameaux annonçant une grande vigueur, il faudrait les pincer, c'est-à-dire supprimer l'extrémité et les réduire à deux ou trois yeux, afin de forcer la séve de passer dans le bourgeon qui doit devenir branche principale; si le hasard voulait, comme il arrive quelquefois, qu'il se développât un fort bourgeon dans le voisinage de la première taille, il faudrait le conserver pour en faire une branche principale, surtout si le sujet montre de la vigueur, car pour former le premier étage des branches principales il n'y a pas trop de quatre rameaux. Il a dû sortir aussi du talon des deux tailles et dans l'intervalle qui se trouve entre celles-ci et le corps de l'arbre quelques faibles bourgeons et quelques petits bouquets de quelques centimètres de long qu'il faut conserver avec soin, ce sont des bourgeons à fleurs pour l'année suivante. Il ne sera pas nécessaire de les tailler, parce qu'après la récolte du fruit ils seront supprimés près de leur naissance, où il se trouve un autre petit bourgeon de remplacement ou au moins le rudiment d'un œil qui devra en développer un.

A la fin de l'été les rameaux terminaux des branches principales ainsi que celui qui termine le corps de l'arbre qu'on nomme la flèche, devront être d'une assez belle vigueur et bien garnis de bourgeons de ramifications; vers le mois de février, lorsqu'il s'agira de procéder à la deuxième taille, elle devra être proportionnée à la vigueur de l'arbre; je suppose que les branches principales ayant poussé de 60 centimètres de longueur, on peut sans crainte les tailler à 26 centimètres afin que tous les yeux soient forcés de s'ouvrir et qu'il n'existe pas de nudité. Les petites branches de ramifications seront peut-être obligées d être un peu allongées à cause de l'éloignement des fleurs, car comme il faut absolument avoir du fruit, on va chercher les fleurs où elles sont; ainsi, je suppose que les fleurs se trouvent éloignées de 40 centimètres de l'insertion du rameau, il n'y a pas d'inconvénient d'allonger la taille jusqu'au-dessus de cette distance, seulement on enlève au ras de l'écorce avec la pointe de la serpette tous les yeux ou gemmes qui sont dépourvus de fleurs, avec la précaution rigoureuse de conserver celui qui se trouve le plus près de la naissance du rameau; le bourgeon qui naîtra de cet œil est destiné à remplacer le rameau qui aura porté fruit et qui est trop long pour pouvoir être conservé.

S'il ne se trouvait pas d'œil convenablement placé à l'endroit de la taille des branches principales, on pourrait asseoir la taille au-dessus d'un premier œil du dernier bourgeon de ramification, parce qu'il est presque certain que de son talon il en sortira au moins un sur lequel on pourra se rapprocher au moment de la végétation.

Le rameau qui forme la flèche à cause de sa position verticale doit avoir donné une belle végétation, mais je suppose qu'il pousse de 1 mètre; on peut le réduire à 30 ou 40 centimètres parce qu'il nous faut un troisième étage de branches principales, et ce n'est qu'en taillant un peu court que nous pouvons les obtenir; les bourgeons de ramifications seront également taillés selon que les fleurs se trouveront plus ou moins éloignées; on pourra également enlever les yeux qui ne seraient pas accompagnés de boutons à fleurs, c'est ce que l'on nomme, d'après M. de Mirbel, éborgner, mais nous autres praticiens nous disons tout simplement ébourgeonner à sec; cette petite opération paraît peu de chose, et néanmoins elle est éminemment économique dans l'art de cultiver, car elle s'oppose à la naissance d'une foule de bourgeons qui consommeraient une séve inutilement répartie et qui feraient confusion. Le cultivateur qui, en taillant, exécute cette opération économise donc un temps bien précieux, car dans le moment de la taille ce n'est presque rien, tandis qu'au moment de la végétation le travail est plus difficile.

On voit que le travail pour élever un pêcher en pyramide est simple; il s'agit de tenir les branches principales à peu près toujours à égale distance et le plus possible en échiquier les unes des autres, afin que les fruits soient suffisamment aérés.

On peut encore élever des pêchers greffés à tiges sur amandier, mais il faudrait les dresser en forme de vase ou de gobelet, leur donner les mêmes soins que j'ai indiqués pour ceux de noyau ou greffés nains. Les grosse mignonne, admirable et madeleine, et même la bourdine réussissent fort bien ainsi ; j'ai soigné de ces sortes d'arbres qui donnaient des fruits tout aussi beaux que ceux d'espaliers, seulement ils avaient le mérite de mûrir un peu plus tard.

II. MULTIPLICATION DU PÊCHER.

On multiplie le pêcher au moyen des noyaux qu'on trouve au sein du fruit, si on veut simplement se procurer du plant pour greffer en pépinière. Toutes les variétés peuvent être semées ou mélangées, et chaque noyau doit être mis en terre un à un, la pointe en bas, et enfin dans de la terre bien meuble, sans aucun engrais de fumier, à 7 ou 8 centimètres environ de profondeur et autant de distance entre eux ; on unit ensuite le terrain avec un râteau et on répand sur la planche une couche de paillis, feuilles ou autres ingrédients qui protégent contre la gelée. Vers le commencement de mars on enlève cette couverture, dès que le soleil a acquis assez de force pour échauffer un peu la terre, et vers les premiers jours d'avril on voit sortir les plumules, premiers rudiments de la tige future. En ce moment la radicule ou racine principale aura déjà plus de 15 centimètres de longueur.

Les soins à donner aux jeunes plants consistent à tenir le terrain bien net de mauvaises herbes et à donner quelques arrosements copieux dans le temps de la sécheresse. Ainsi soignés, ces plants devront avoir acquis la hauteur de 1 mètre vers le mois d'octobre, et en novembre ils pourront être expédiés pour les pays lointains où l'on fait usage de ces sortes de plants. Alors ils devront être déplantés avec soin sans aucune suppression de partie de pivots ou racines, et être soulevés à la bêche et non pas tirés à la main comme on a l'habitude de le faire dans les maisons de commerce d'Orléans et ailleurs ; car, comme je l'ai dit plus haut, les racines et surtout celles des jeunes plants sont très-tendres. Si l'on voulait planter pour soi, on pourrait procéder différemment ; pour cela il faudrait préparer un terrain convenable, le bien défoncer, l'unir avec un râteau, tracer des lignes au moins à 60 centimètres l'une de l'autre et enfoncer les noyaux à 40 centimètres environ de distance et 15 centimètres de profondeur. Avant de confier les noyaux à la terre, il sera bon de les jeter dans un seau d'eau afin d'être certain qu'ils sont en bon état, en ayant soin de mettre la pointe en bas pour que le développement de la radicule se trouve à l'aise. Pendant l'hiver, ces noyaux se nourrissent de l'humidité de la terre, l'amande oblige les deux parties osseuses de se séparer entièrement pour donner passage entièrement libre à l'individu qui n'attend plus qu'une température plus douce pour sortir de terre.

J'ai vu des pépiniéristes retarder jusqu'au printemps pour semer leurs noyaux ; mais pour avancer leur germination ils mettaient tremper pendant deux jours dans de l'eau élevée à une température modérée ; d'autres les introduisent dans des boîtes ou des tonneaux où ils les rangent par lits ou mêlés à de la terre ou du sable, les laissant ainsi stratifiés jusqu'au printemps soit dans un cellier ou une cave et quelquefois en plein air ; d'autres enfin les déposent simplement en terre jusqu'à l'époque de la germination et les reprennent ensuite pour les planter ; mais je me suis toujours bien trouvé d'avoir mis mes noyaux en terre le plus tôt possible, car c'est un travail une fois fait et sur lequel il n'y a plus à revenir. On n'a ainsi à redouter ni le hâle ni la dent des mulots, des rats ou des souris, etc. ; car quoique les noyaux de pêcher et d'amandier soient d'une très-grande dureté, cela n'empêche pas ces animaux de les percer pour s'emparer des amandes qu'ils contiennent.

Les noyaux d'amandes peuvent être mis en terre de la même manière que ceux de pêches ; seulement, ainsi que je l'ai dit, on peut, pour plus de sûreté en cas d'accident, en placer deux ensemble au lieu d'un.

Je connais d'avance les objections que l'on pourra me faire sur cette manière de semer de bonne heure. On m'opposera la gelée qui peut détruire mes semences, puis, comme les pépiristes ont l'habitude de couper la radicule ou pivot, et que les auteurs qui parlent du pêcher, mais qui n'en ont jamais élevé, ne manquent pas de recommander cette suppression, la nécessité de celle-ci afin, disent ils, de faire pousser davantage les racines dans la partie qui avoisine le tronc de la plante, et par conséquent plus près de la superficie du sol. Quant à la gelée, ma réponse est simple et facile. Mes noyaux sont recouverts de 15 centimètres de terre meuble environ et le noyau a bien 3 centimètres de longueur; par conséquent, en supposant que la radicule se disposât à sortir du noyau à l'époque où les fortes gelées se feraient sentir, elle se trouvera à 10 centimètres de profondeur; or, il est probable que la gelée ne détruit pas les graines à une profondeur semblable. En 1829, j'avais semé ainsi des noyaux de pêches, amandes et prunes; la gelée fut rigoureuse, et néanmoins rien ne fut endommagé. En 1848, j'a fait un semis de prunes de reine Claude sur lequel il n'y avait pas plus de 5 centimètres de terre, et il a parfaitement levé.

Tout le monde sait que la nature a muni certaines espèces d'arbres de racines plus ou moins fortes, et notamment d'une racine principale que l'on est convenu de nommer le pivot; mais ce pivot n'est presque jamais seul: il est, la plupart du temps, accompagné d'autres racines moins fortes que lui; et quand le pivot serait seul, l'arbre ne végéterait pas moins bien, surtout s'il avait été planté en saison convenable. Or, le pêcher et l'amandier sont presque toujours munis de glandes attachées aux racines les plus faibles et qui doivent contribuer à leur reprise lorsqu'on a eu l'attention de ne pas les laisser dessécher. Quoi qu'il en soit, et malgré les appréhensions de ceux qui ont parlé ou écrit sur le pêcher, il n'est pas moins vrai que, quand il est bien planté, il donne en peu de temps de nouvelles aiguilles ou spongioles qui sont déjà longues quand arrive le printemps.

Les noyaux de pêches ou d'amandier étant mis en terre, ainsi que je viens de l'expliquer, commenceront à pousser leurs tiges vers le mois d'avril. Lorsqu'ils auront acquis une hauteur de 15 centimètres, il faudra donner un binage pour détruire les mauvaises plantes qui ne manquent pas de sortir de terre à cette époque. On doit bien se donner de garde d'approcher l'outil des jeunes plantes; s'il se trouve près d'elles quelque brin d'herbe, il faudra le saisir et l'arracher avec la main. Quelque temps après on donnera une seconde façon, et avec la même sollicitude, pour les jeunes plants qui doivent être déjà hauts de 25 à 30 centimètres. A mesure que la chaleur de la saison augmente, les plantes acquièrent de la force et de la hauteur. Vers le 15 août on devra donner un troisième binage, et dans les premiers jours de septembre les plants pourront être greffés, car ils seront en pleine végétation. Si l'on est curieux de greffer beaucoup de variétés, il est indispensable de tenir sur un registre note de toutes celles qu'on a greffées, ce qui se fait facilement en comptant les rangs ou demi-rangs; car il y a des variétés dont il serait inutile de greffer beaucoup, quelques individus devant suffire pour avoir au moins la collection la plus complète possible.

Les pêchers de certaines variétés ne sont pas rares aux environs de Paris; mais ce qui est extrêmement difficile, c'est de pouvoir rassembler toutes les variétés qui doivent composer une collection bien ordonnée. Il est facile de se procurer les variétés les plus généralement cultivées pour la consommation journalière de la capitale; mais il en est d'autres, et le plus grand nombre, qui n'existent que sur les catalogues des marchands. Les propriétaires riches sont trop peu amateurs pour qu'un cultivateur tente de faire les sacrifices nécessaires pour former une collection qui lui coûterait beaucoup à établir et de laquelle il sait bien qu'il ne retirera pas ses frais. En France, une pêche est une pêche; on ne s'occupe pas des diverses qualités de saveur, forme, grosseur, couleur, précocité, tardivité, tout cela est compté pour rien. Quant à moi, j'ai obtenu de mes semis plusieurs belles pêches de bonne qualité, possédant des caractères particuliers, et je n'en ai jamais vendu un seul individu parce que je voulais les vendre 5 fr.

Feu Noisette, horticulteur très-distingué, est le seul qui se soit occupé avec le plus grand soin de la nomenclature du pêcher, et qui ait donné une description complète au moyen de laquelle on peut reconnaître chaque variété d'après les caractères particuliers qu'elle possède.

Si, lorsqu'on a greffé, les sujets étaient en bonne sève, si le beau temps a continué, ils ont dû grossir; c'est pourquoi il serait bon, au bout de quinze jours à trois semaines, de visiter les greffes et de s'assurer qu'il ne se forme pas un étranglement causé par la ligature; car à cette époque le sujet venant à prendre du corps, la ligature couperait l'écorce si on ne l'enlevait assez à temps. Puis à l'approche de l'époque des gelées, vers la fin de novembre, il sera nécessaire d'envelopper, ainsi que je l'ai expliqué plus loin, les écussons avec une feuille de platane ou autre chose semblable, feuille qu'on fixera solidement avec un jonc un peu au-dessus de l'œil de la greffe. Les sujets resteront en cet état jusqu'à la fin de février, où on découvrira les écussons et enlèvera les ligatures s'il en existe encore, et rabattra les sujets à 15 centimètres environ au-dessus des écussons, en ayant le soin de faire la coupe à l'opposé de l'œil de la greffe afin que la sève qui sort quelquefois par la plaie ne s'écoule pas sur la greffe, ainsi que l'eau des pluies.

Lorsque les greffes auront poussé de 15 à 20 centimètres, il faudra, par précaution, les attacher à l'onglet qui est resté au dessus de la greffe, avec un jonc, afin de ne pas blesser ce jeune bourgeon et de le maintenir droit contre l'effort du vent qui le décollerait du sujet ou qui pourrait le casser. Un peu plus tard, lorsque les écussons auront acquis plus de force, il faudra leur donner à chacun un tuteur; mais avant de placer celui-ci, il faudra couper l'onglet le plus adroitement possible en biseau et au ras de l'écusson, puis planter le tuteur en face du côté opposé, afin qu'étant fixé au tuteur, le bourgeon soit bien droit et paraisse être la continuation non interrompue du sujet.

Beaucoup de cultivateurs laissent subsister l'onglet jusqu'à l'automne et négligent de mettre des tuteurs; beaucoup de greffes se détachent ainsi de l'onglet et restent abandonnées à elles-mêmes, de manière que quand on veut choisir des arbres, on trouve des greffes, d'ailleurs très-bonnes, mais qui forment le cerceau ou des coudes, et ne conviennent pas pour une plantation régulière. D'un autre côté, l'individu qu'on met en place a déjà assez à faire pour supporter sa déplantation, son voyage et sa transplantation, sans avoir encore deux plaies à recouvrir, celle de l'onglet nouvellement supprimé et celle de la coupe, de la suppression de la tige, tandis que si on eût supprimé l'onglet et mis un tuteur, la plaie se trouverait recouverte et l'arbre bien droit.

Cette méthode d'élever le pêcher est celle suivie jusqu'à présent par tous les pépiniéristes; mais il en est une autre qui, sans entrainer à plus de travail ni de dépense, pourrait accélérer la jouissance du propriétaire qui est obligé d'acheter des arbres.

Quand on plante un pêcher, on est obligé de le rabattre sur les yeux inférieurs pour obtenir des bourgeons qui doivent, à l'avenir, former la charpente de l'arbre; c'est une année d'attente qui se trouve pour ainsi dire perdue pour le propriétaire : on ne peut qu'y faire, puisqu'il n'y a pas moyen d'agir autrement; mais par le procédé bien simple que j'ai imaginé, il me semble qu'on pourrait gagner une année. Après que les greffes ont été faites comme je viens de le dire et qu'elles ont atteint la hauteur de 30 à 40 centimètres, il faudrait les pincer, c'est-à-dire supprimer avec un outil tranchant, serpette ou autre, l'extrémité du bourgeon. Cette opération, qui paraît au premier coup d'œil peu importante, peut devenir d'une grande utilité à cause de son résultat futur. Ce pincement, pratiqué dans un moment où la sève s'élève avec force vers l'extrémité du bourgeon, fera développer sur les deux yeux inférieurs à la partie supprimée deux ou trois forts bourgeons qu'il faudra soigner; s'il en pousse trois, il faudra supprimer le plus bas et laisser les deux autres en opposition l'un à l'autre; si, de ces deux bourgeons conservés, l'un était plus fort que l'autre, il faudrait pincer ce dernier pour contrarier la sève et l'obliger de refluer dans le plus faible. On fixera ensuite le corps de la greffe à un tuteur de force médiocre, mais bien droit et solidement enfoncé, puis on aura deux autres petits tuteurs que l'on placera en ligne et sur lesquels on attachera les deux jeunes bourgeons dans la direction horizontale d'un V très-ouvert. Si la végétation était abondante, on devrait ajouter deux autres petits tuteurs pour maintenir solidement ces deux bourgeons contre l'effort du vent; et, comme il est probable qu'il naîtra des bourgeons anticipés devant et derrière ces deux bourgeons principaux, on les supprimera ou conservera à volonté, car comme au moment de la transplantation il faudra raccourcir de beaucoup ces deux principaux bras de la charpente future du pêcher il ne servirait à rien de réformer ces petits bourgeons anticipés.

Ainsi, vers le mois de novembre on peut enlever ces jeunes pêchers et les mettre en place avec toute sécurité; toutefois il faut que la déplantation soit faite avec toutes les précautions possibles, sans blesser les jeunes racines et les pivots s'il y en a, et aussitôt qu'ils sont plantés les tailler, c'est-à-dire raccourcir les deux bras à 15 ou 20 centimètres de leur naissance sur l'œil le mieux placé. Celui qui se trouverait en devant serait préférable, mais à son défaut je choisirais celui de dessous, parce que la sève tendant toujours à s'élever, il se trouvera pour ainsi dire de lui-même à la place qu'il doit occuper pour continuer la ligne d'inclinaison que l'on veut lui donner. Celui de devant est naturellement le mieux placé parce que le bourgeon qui en sortira étant fixé de bonne heure, il ne peut guère se former de nodus qui dérange la ligne droite que l'on veut lui faire suivre. Parmi les bourgeons qui sortiront près de la taille, il sera bon d'en choisir un de chaque côté, le mieux placé en dessous, pour former, à l'avenir, la première branche secondaire inférieure, ces deux bourgeons doivent être soigneusement conservés. En comparant cette manière de préparer l'arbre par l'opération du pincement avec la méthode ordinaire, on concevra qu'on a de suite un arbre tout formé, tandis qu'il faudrait attendre au moins une année pour obtenir ces branches et peut-être même il n'est pas certain qu'on pût les obtenir toutes.

On multiplie aussi le pêcher en le greffant sur le prunier de Saint-Julien ou ses variétés, et sur le damas noir; il réussit aussi assez bien sur le prunier connu sous le nom de Mirobolan, et il y a des auteurs qui disent que pour avoir de beaux sujets de prunier pour la greffe il les faut élever de noyau; mais il est bien reconnu par les bons cultivateurs que c'est une erreur; les pépiniéristes le savent bien, et quand on leur propose ces pruniers de semis, ils les refusent et n'en veulent pas, disent-ils, parce qu'ils ne donnent pas une assez belle végétation; chose très-vraie, puisque le prunier de noyau ne fait jamais un beau plant la première année. Si on le replante en pépinière, il pousse lentement, ne prend pas de corps, et il n'est guère possible de lui confier des greffes de pêcher qui ne prendraient pas assez de force et de vigueur pour pouvoir être vendues.

En général, le pêcher de noyau s'élève mal, il est difficile d'en faire un arbre bien droit, en un mot il est très-lent à donner une belle végétation, au lieu que le prunier de Saint-Julien donne des drageons qui, dans certains terrains, s'élèvent dans un seul été à la hauteur de 1ᵐ,30 à 1ᵐ,60 et d'une grosseur proportionnée; c'est bien là le sujet qui convient pour greffer le pêcher. Quand on veut en faire une pépinière, il faut, vers le mois de septembre, faire défoncer le terrain à la profondeur de 40 à 50 centimètres ou davantage et à la fin d'octobre, se procurer les plus beaux plants possible et les habiller, c'est-à-dire couper proprement la racine qui ressemble assez à une espèce de pivot, mais qui n'en est cependant pas un, de manière à ce qu'elle n'ait pas plus de 30 centimètres de longueur, rabattre le plant en lui conservant seulement deux ou trois yeux ou gemmes qu'on laissera hors de terre lorsqu'on plantera. On disposera le terrain par lignes tracées au cordeau, espacées de 60 centimètres, on devra avoir un fort plantoir et on distribuera les plants dans les lignes à 45 centimètres l'un de l'autre, avec l'attention de bien fixer ou borner le plant, c'est-à-dire qu'il faut que le plant soit serré dans la terre; cette petite opération qui paraît être peu de chose contribue beaucoup à la reprise immédiate des plants, voici comment on l'exécute :

On tient dans la main droite le plantoir avec lequel on pratique le trou, et le plant dans la main gauche, on met celui-ci en place, puis avec la pointe du plantoir on fait tomber de la terre dans le trou, on enfonce le plantoir une seconde fois, la terre se trouve pressée fortement le long du plant, et c'est de cette pression plus ou moins forte que dépend la reprise du plant. C'est là ce qu'on appelle borner un plant; beaucoup de pépiniéristes plantent à la pioche et bornent avec le pied, l'opération est la même, seulement elle est plus longue et plus pénible; cette manière de planter convient surtout pour les individus dont les racines sont habillées d'une certaine longueur, pour des plants qui ont déjà deux ou trois ans d'âge et pour les plants forestiers, etc.

Les auteurs s'accordent à dire que le prunier convient pour les terrains dont le fond est de tuf ou de glaise, où il y a trop d'humidité ou bien quand la couche de terre n'a pas une grande épaisseur et que les racines de cet arbre rampent à la surface du sol; or il faut bien qu'elles rampent, mais pas à la surface du terrain où elles coulent, s'étendent et vivent alors à peu de profondeur; si le sol n'a que 40 centimètres d'épaisseur, elles ne peuvent pas aller au delà et sont arrêtées par le banc de tuf ou de glaise, mais lorsque le prunier trouve un sol qui a de la profondeur, il allonge singulièrement ses racines, il est facile d'en juger en voyant les individus, tandis que, s'il est planté sur un sol peu épais, il est languissant, pousse peu et ne vit pas longtemps surtout si c'est un sol léger.

Si les plants de la pépinière ont bien fait ils pourront être greffés en écusson vers la fin de juin, mais pas plus tard, parce que le prunier perd sa sève de bonne heure et que l'on s'exposerait à ne pas réussir; le prunier est l'arbre par lequel on commence, et si la greffe n'est pas terminée pour le 1er juillet on est exposé à la recommencer l'année suivante. Là où les plants n'ont pas acquis une force suffisante, il faut différer jusqu'à l'année d'après et ne pas négliger les binages nécessaires pour maintenir la terre dans la plus grande propreté; du reste, les soins à donner aux greffes sont les mêmes que pour ceux greffés sur amandier.

Mais quoi qu'on puisse faire et malgré l'affinité qui paraît exister entre le pêcher et le prunier, il n'en est pas moins vrai que celui-ci ne peut jamais faire un bel arbre. En effet, plusieurs causes s'y opposent. Le pêcher pousse beaucoup et prolonge sa végétation jusqu'à la fin de septembre et encore au delà; celle du prunier cesse et est déjà terminée vers les premiers jours de juillet, il y a même des années, lorsque la sécheresse est prolongée, où les pruniers n'ont déjà plus de feuilles au 1er août. Les racines du sujet n'envoyant plus de séve au pêcher, celui-ci doit naturellement souffrir, et si l'on se représente les pêchers plantés en espalier, bien que dans le meilleur terrain possible, continuellement tourmentés par des labours renouvelés et intempestifs qui détruisent une bonne partie des jeunes racines qui voudraient vivre dans une couche de terre un peu plus élevée, pour être plus rapprochées de la lumière et du soleil; les légumes de toutes sortes que les jardiniers cultivent toute l'année, les engrais de toute espèce que l'on enterre pour amender, on conçoit que toutes ces circonstances doivent contribuer à la destruction plus ou moins prochaine des individus.

Le plant de prunier que l'on met en terre pour pépinière ne doit avoir que 30 centimètres tout habillé; il n'a aucune racine chevelue, c'est simplement une espèce de bouture dont les rudiments de la racine ne sont pas encore apparents quoiqu'ils soient préparés sous l'écorce. En effet, si l'on observe avec attention et qu'on visite quelques-uns de ces plants au bout d'un mois ou six semaines qu'ils auront été mis en terre on trouvera que la coupe inférieure forme un bourrelet duquel il perce ordinairement de trois à six forts mamelons qui s'allongent immédiatement et deviennent les principales racines. Si le terrain a été remué profondément elles descendent jusqu'au fond, et j'ai acquis la preuve que des pruniers avaient enfoncé leurs racines jusqu'à 3m,50 de profondeur et auraient été encore plus loin s'ils n'eussent rencontré un banc de gravier qu'ils ne purent percer et qui les obligea de s'arrêter.

Pendant que les principales racines s'allongent, il se produit, dans toute la longueur du plant, depuis la coupe inférieure jusqu'à la superficie du sol, un nombre considérable de spongioles ou racines d'une nature moins forte que celle des racines principales, et qui sont dirigées horizontalement. C'est de ces racines que les auteurs parlent lorsqu'ils disent que le prunier a des racines rampantes à la superficie du sol; voilà pourquoi ils indiquent le pêcher greffé sur prunier pour les terrains de peu d'épaisseur; mais ce devrait être justement parce que le sol est peu favorable qu'il ne faut pas employer le prunier, mais défoncer ou faire de bons trous, larges et profonds, et planter des sujets d'amandier. Avec de tels arbres on peut espérer des progrès, parce qu'une fois attachés au sol, ils s'y défendront bien et longtemps.

Le pêcher sur prunier réussit assez bien dans une terre de bonne qualité, surtout s'il est soigné par un habile jardinier qui ne cultive point de plantes potagères dans les plates-bandes des espaliers, et qui, ne donnant pas de labours et ménageant les racines de ses arbres, obtiendra, par conséquent, une végétation plus active et plus tardive qui aidera aux fruits à se perfectionner et à acquérir leur grosseur naturelle en même temps qu'une qualité supérieure, surtout s'il a l'attention de ne greffer que des variétés qui murissent de bonne heure, telles que la vineuse, la grosse mignonne, la madeleine blanche, la galande, et non pas le teton de Vénus et autres pêches tardives qui pourraient bien quitter l'arbre avant leur maturité.

Le pêcher sur prunier réclame aussi des soins très-assidus pour être également garni dans toute son étendue. Le jardinier devra avoir grand soin de l'ébourgeonner sévèrement afin d'utiliser toute la séve. De quelque forme que soient les arbres, ils doivent être parfaitement garnis de bourgeons utiles dans toute leur étendue. Le jardinier devra toujours avoir présent à sa mémoire que le prunier cessant de végéter de bonne heure, il faut tâcher de maintenir une belle végétation le plus longtemps possible en répandant sur la plate-bande d'espalier différents ingrédients tels que paille, vieux foins, débris de vieilles couches, mousses, etc., puis d'arroser abondamment les arbres dans le moment des chaleurs, opération pour laquelle il ne faut pas attendre que la terre soit desséchée, mais au contraire prévenir la sécheresse afin d'activer la végétation, de l'empêcher de se ralentir ou de s'arrêter. On peut encore maintenir les arbres et prolonger leur végétation en les arrosant sur les feuilles et dans les soirées chaudes au moyen d'une pompe à main qui jette l'eau en pluie.

Comme le pêcher est beaucoup moins vigoureux sur prunier que lorsqu'il est sur amandier, il est beaucoup plus disposé à donner sur le prunier des fleurs, et, en outre, les gemmes qui les contiennent sont beaucoup plus rapprochés que sur l'amandier; aussi ces arbres sont souvent d'une grande fertilité, et on trouve toujours au moment de la taille les premiers yeux garnis de boutons à fleurs, sans être obligé, comme sur l'amandier, d'aller les chercher à 40 à 45 centimètres. Les petits bouquets à fleurs sont aussi plus nombreux et plus rapprochés, et quand on peut prolonger la végétation, on obtient des fruits admirables et délicieux.

Le jardinier devra toujours se ménager des bourgeons de remplacement; car si, par un accident imprévu, une des branches principales venait à périr, il serait presque impossible de la remplacer, attendu que le pêcher ne recèpe pas sur le vieux bois lorsqu'il est sur prunier, et voici ce qui donne lieu à cette difficulté. La végétation du prunier dure peu, le pêcher a des dispositions à végéter longtemps; ses canaux séveux sont disposés pour contenir une grande quantité de nourriture, laquelle cessant d'arriver, ces canaux se resserrent et s'oblitèrent, l'écorce se comprime sur l'aubier des branches principales et de la tige; la végétation a été trop peu de temps en activité pour pouvoir, comme dans le pêcher sur amandier, former des gemmes ou rudiments d'yeux au moyen desquels on peut remédier à la perte d'une branche ou même de la tige principale. En général, quand on entre dans un jardin planté de beaucoup de pêchers, on reconnaît tout d'abord ceux qui sont sur prunier à une zone de nudité qui existe à l'insertion de toutes les branches principales ou secondaires, puis à leur dimension qui est toujours de moitié moins grande que ceux sur amandier.

On dit que le prunier donne des traces, des rejetons qui salissent les jardins et qui, en même temps, altèrent les arbres; la nature, il est vrai, a été généreuse envers le prunier, puisqu'elle lui a donné la faculté de se reproduire de rejetons qui partent des racines; mais si les arbres eux-mêmes n'étaient aussi tourmentés qu'ils le sont dans leurs racines par la bêche, la charrue, la pioche, qui coupent, cassent, mutilent celles-ci de toutes les manières, il pullulerait bien moins de drageons, car il faut faire attention que chaque racine cassée ou coupée donne plusieurs plants de la même plaie, et comme celles-ci sont en grande quantité près de la superficie elles sont exposées à être continuellement coupassées, et finiraient même par former un bois taillis. Enfin il faut remarquer que tous ces plants sont la plupart de mauvaises espèces pour former des sujets à greffer.

Il est toujours assez difficile de se procurer l'espèce dite Saint Julien, surtout celui connu sous le nom de Saint-Julien joré : c'est l'espèce par excellence qu'on emploie pour la greffe de plusieurs espèces de pêches et principalement pour former des tiges pour plein vent, soit de pêcher, soit d'abricotier, soit d'espèces de prunes. On greffe même aussi sur lui l'amande à coque tendre. Ce prunier est très-vigoureux, il pousse droit et est très-avantageux pour faire des tiges dans les pépinières; c'est sur cette espèce que les marchands pépiniéristes devraient toujours greffer leurs pêchers et surtout la pêche violette et la chevreuse; mais il n'en est pas ainsi, et comme le Saint-Julien joré est rare, on se sert du prunier de Damas noir qui est plus commun, mais bien plus difficile à dresser pour tiges.

On dit que le prunier donne trop de drageons; or l'expérience apprend qu'un prunier d'espèce particulière ou un pêcher greffé à tige ou un abricotier également greffé sur Saint-Julien joré et abandonnés à eux-mêmes, c'est-à-dire sans leur donner des labours au pied, mais seulement des binages ou ratissages, ne poussent que bien peu ou même pas du tout de drageons. Cette espèce de Saint-Julien ne saurait être trop multipliée; elle est la plus vigoureuse, la plus solide pour résister au vent, la plus facile à greffer et en même temps à multiplier, car indépendamment des beaux plants qu'elle fournit par ses drageons, elle reprend aussi de boutures faites avec ses branches, lesquelles étant coupées par morceaux de 30 centimètres de longueur et mises en terre vers le mois d'octobre reprennent très-bien.

Si l'on veut planter pour faire de

suite une pépinière en règle, on doit défoncer le terrain de 45 à 60 centimètres, suivant qu'il est plus ou moins compacte ou pierreux, car s'il est léger et facile à être traversé par les racines, 40 centimètres suffisent. On donnera un coup de râteau pour bien unir la superficie et ramasser les cailloux ou pierrailles, et on tracera des lignes avec le cordeau à la distance de 60 centimètres l'une de l'autre. Les boutures auront été préparées à l'avance; si elles sont un peu fortes, que ce soit du bois de deux ans, il faudra que l'extrémité qu'on mettra en terre soit taillée en biseau pointu sur deux côtés : dans ce cas, il n'y a pas besoin de plantoir, on peut facilement les enfoncer de manière qu'il ne sorte de terre qu'un ou deux yeux et à la distance de 45 centimètres l'une de l'autre. Mais si les boutures étaient faites en bois de l'année, il conviendrait de faire à la partie inférieure une coupe nette, et même pour donner plus de moyens à la séve de former les mamelons qui doivent devenir des racines, on pratiquera une petite fente au milieu de la bouture et en remontant d'environ 3 centimètres de longueur. Cette petite opération est peu de chose en apparence, mais elle ne laisse pas d'être utile pour aider la nature dans ses fonctions. Dans ce cas, il sera nécessaire de se servir du plantoir et de bien borner ces plants, car si l'on voulait les enfoncer comme les autres il serait possible que l'écorce se rebroussât en haut, ce qui produirait un fort mauvais effet.

La première année, ces boutures ne pousseront que de 30 centimètres en hauteur, il y en aura qui auront donné plusieurs bourgeons; on devra supprimer les plus faibles de ceux-ci et ne conserver que le plus fort; mais la deuxième année ils auront acquis assez de force pour pouvoir être greffés en pêchers à 12 à 15 centimètres de terre. Ces boutures n'émettent pas de racines le long du corps comme beaucoup d'autres espèces d'arbres, mais ces racines naissent toutes des plaies faites à la partie inférieure de la bouture, de sorte qu'il se forme là un empâtement de plusieurs fortes racines accompagnées de beaucoup d'autres plus faibles ou chevelues qui concourent toutes à donner une grande solidité à l'arbre lorsqu'il est exposé en plein vent; d'ailleurs le prunier en question se distingue, dans les vergers, par son port toujours d'aplomb et la solidité de son pied.

J'ai déplanté beaucoup d'arbres ainsi élevés de boutures, et j'avoue que je ne pouvais me lasser d'admirer la disposition des racines partant toutes du même point, ce qui n'arrive que rarement aux plantations faites avec des plants enracinés. On a donc lieu d'être surpris quand on entend des hommes savants, des professeurs en horticulture nous dire qu'on greffe le pêcher en écusson sur le prunier depuis la mi-juillet jusqu'à la mi-septembre, et plus loin, au sujet de la plantation du pêcher sur prunier, qu'on enfonce ses racines verticalement pour les empêcher de pousser des rejetons. Or, à ce sujet, je vais répéter ici ce que j'ai déjà dit plus haut, sans crainte d'être démenti par aucun praticien tant soit peu arboriculteur; le prunier fait sa pousse en peu de temps et dès le 1er juillet il a déjà cessé de végéter dans les terrains légers; ainsi il n'est plus greffable dès les premiers jours de ce mois. Pour que l'écusson puisse bien réussir il faut absolument que l'écorce du sujet, jeune ou vieux, puisse se lever avec facilité, et elle ne peut se lever que quand le sujet est parfaitement en séve. Mais il ne suffit pas qu'on puisse encore introduire l'écusson, il faut bien une quinzaine de jours pour que l'incision puisse se cicatriser un peu afin que l'humidité ne puisse s'introduire entre l'écusson et le liber ou aubier : ce n'est donc qu'au bout de ces quelques jours que la soudure peut être accomplie; ainsi, il est facile de comprendre que si on attend, pour greffer des sujets pruniers, n'importe de quelle espèce, jusqu'au 15 juillet et même plus tard, ainsi que cela est malheureusement indiqué, il est impossible que les greffes puissent reprendre.

Il est vrai qu'on rencontre des personnes qui, à l'aspect d'un individu qui semble végéter encore, s'imaginent qu'on peut le greffer en toute confiance; il est même possible que l'écorce se lève encore, mais il est trop tard : l'écusson ne peut plus se coller. Voilà comment il arrive trop souvent que des assertions, des indications mises en avant par des hommes très-honorables, font autorité en horticulture, et que ceux qui veulent procéder d'après ces enseignements sont exposés à des mystifications cruelles.

Si ce sont des arbres à tiges dont les écussons n'ont pas réussi, on a la ressource pour le printemps suivant de pouvoir les reprendre par la greffe en fente ou en couronne, mais en prunes ou en abricots seulement, parce que le pêcher ne réussit pas en fente, et au moyen de cette greffe on peut regagner le temps perdu, car dans le cours de l'été la végétation des greffes peut être assez forte pour donner des bourgeons de 2 mètres de longueur. En 1847 j'avais des greffes en quantité dont la majeure partie avait acquis cette force: mais, dans ce cas, il est de nécessité absolue de fixer des tuteurs à chaque tête de greffes, afin que le vent ne les puisse jeter par terre. A cet effet on doit être muni de moyen osier, bien souple, c'est-à-dire ayant trempé dans l'eau pendant plusieurs jours. Il faut aussi avoir des baguettes de noisetier ou autres, les fixer solidement au corps de l'arbre au moyen de deux liens d'osier deux fois tournés autour du corps de l'arbre, puis, au moyen d'un ou plusieurs petits osiers, attacher les greffes sur la baguette. Il y a des pépiniéristes qui se servent simplement de paille pour attacher, mais il arrive malheureusement que le vent emporte la paille et les greffes tout ensemble.

Le pêcher sur prunier est sujet à être attaqué de la maladie de la gomme, voici ce qui donne lieu à cette affection: Dans les années sèches la végétation cesse bientôt, or le pêcher ne recevant plus la sève nécessaire à son alimentation, l'écorce se colle fortement sur le bois, les pores se resserrent et l'individu reste dans cet état pendant tout l'hiver; mais quand arrive le printemps et que la sève qui arrive des racines veut reprendre son cours habituel, l'écorce étant serrée et comprimée ne peut plus se dilater pour lui donner passage, de là des gonflements qui font fendre cette écorce et sortir de tous côtés les fluides séveux par les issues qu'eux-mêmes se sont ouvertes. Le froid du dehors frappant alors cette sève la fige sur chacune des plaies par où elle est sortie, les pluies froides s'introduisent entre les déchirures de l'écorce, puis la gangrène s'établit, détruit l'aubier, pénètre jusqu'au centre de la branche et finit par la détruire.

Dans un cas semblable, il n'y a pas de meilleur parti à prendre que de faire l'amputation de la branche au-dessous de la maladie en se rapprochant de l'insertion d'une production quelconque soit branche ou rameau, de laisser toute la latitude possible à celle-ci pour qu'elle puisse pousser librement et parvenir en peu de temps à remplacer la branche amputée; lorsque cette opération est secondée par un temps doux la sève reprend son cours dans la branche de remplacement, et la maladie disparaît entièrement. Si à la première apparence de sécheresse on eût versé quelques arrosoirs d'eau, non pas directement au pied des arbres, mais à la surface qui environne les arbres 2 à 3 mètres autour du tronc et recommencé à plusieurs reprises on eût évité la maladie que je viens de décrire. Cette maladie est toujours provoquée par les froids tardifs qui se prolongent parfois assez longtemps; quelquefois elle n'attaque que quelques parties peu étendues sur toute la surface des arbres, et dans ce cas elle n'est pas dangereuse et disparaît bientôt dès que la saison devient plus favorable; mais, en général, elle nécessite toujours le rapprochement ou la suppression de quelques branches, et c'est le seul moyen de s'en débarrasser; il y a même des circonstances où un rapprochement général de toutes les jeunes branches fruitières est indispensable. Les pêchers qui sont abrités n'en sont jamais attaqués, et je connais des arbres avantageusement placés sur lesquels on n'en voit jamais aucune trace, tandis que d'autres tout près d'eux en sont presque toujours atteints.

Les auteurs qui ont écrit sur cette maladie indiquent comme moyen de la guérir d'enlever la partie attaquée avec un outil bien tranchant; d'autres conseillent de faire des incisions longitudinales; mais toutes ces indications sont erronées, car ce n'est pas en faisant plaies sur plaies aux végétaux qu'on leur donne la santé. M. le comte Lelieur est disposé à la regarder comme contagieuse, mais elle ne l'est pas puisqu'elle disparaît lorsqu'il fait un temps plus convenable, j'ai même observé, dans l'année 1848, dont le printemps, comme on sait, n'a pas été très-favorable, des pêchers totalement attaqués de la gomme qui avait envahi la totalité des arbres, mais par petites portions. Les bourgeons de 18 à 20 centimètres de longueur étaient tous morts par l'extrémité; aussitôt que le temps est devenu plus doux, la maladie s'est arrêtée, les parties des bourgeons qui étaient mortes se sont détachées d'elles-mêmes, la plupart tombèrent de manière qu'on eût dit que ces bourgeons avaient tous été pincés, mais la sève reprit bientôt son cours et tout fut fini.

Assurément cette maladie est très-désagréable et même dangereuse quand elle est, comme je l'ai dit tout à l'heure, provoquée par un engorgement, parce que lorsqu'elle fait irruption au dehors il y a déjà quelque temps qu'elle existe à l'intérieur et qu'elle a déjà attaqué l'aubier et quelquefois l'intérieur du bois; donc si l'on fait une incision, la sève s'y porte, s'y coagule et y établit un nouveau siége de la maladie.

Un jour, je fus appelé par un propriétaire de Bagneux, près Paris, pour changer les arbres qui garnissaient un mur d'espalier exposé à l'ouest. Ce propriétaire, très-amateur de pêchers, me dit qu'il était résolu de changer ses arbres et de mettre des poiriers à leur place, je lui en témoignai mon étonnement, mais il me dit que déjà trois fois il avait planté de jeunes pêchers sans qu'ils voulussent pousser. Or il existait encore d'anciens pêchers couverts de gomme, non-seulement sur les jeunes rameaux, mais encore sur les branches charpentières. Ces arbres paraissaient être dans un état désespéré; je lui dis cependant que ce n'était pas une raison pour qu'une quatrième plantation ne réussît pas. « Vous croyez donc être plus habile que les autres, me dit-il, eh bien, faites comme vous l'entendrez, nous verrons bien. » En effet, je me mis à la besogne et je fis faire des trous d'une bonne profondeur et de largeur convenable, dont on porta la terre dans un carré tout près pour en former une chaîne, puis à côté je fis enlever l'épaisseur d'un fer de bêche de la superficie du sol qui était cultivé en potager et remplir les trous avec cette terre neuve végétale, je plantai de jeunes pêchers qui donnèrent une végétation qui ne laissait rien à désirer. La terre de l'espalier étant plus élevée que celle de l'allée, je m'aperçus qu'elle avait été rechargée de 12 à 15 centimètres, on enleva cette terre et on la porta également dans le carré. Par ce moyen, les racines des vieux pêchers se trouvèrent mieux exposées à l'influence du soleil, je rapprochai les branches de ces vieux arbres, les épluchai le plus proprement possible, nettoyai les plaies causées par la gomme et en ménageant à la taille le plus possible de fleurs. La végétation redevint brillante et les arbres furent sauvés d'une perte certaine. Quand ce propriétaire recevait ses amis, il se faisait un plaisir de les promener et de leur faire remarquer la belle végétation de ses jeunes pêchers ainsi que la brillante santé des vieux qui étaient guéris de la gomme.

Lorsque nous plantons des pêchers, nous devrions toujours placer les espèces les plus délicates aux meilleures expositions; les vieux pêchers dont j'ai parlé avaient été malades par trois causes principales : 1° parce que les racines étaient trop enterrées; 2° parce qu'ils étaient exposés à l'ouest, et 3° parce qu'ils étaient tous de l'espèce appelée galande ou Bellegarde, espèce qui réclame la meilleure place parmi les plantations. Le jardin dont je parle contenait plus de 4 hectares, les pêchers qui étaient plantés aux autres expositions étaient tous sains et beaux, la qualité du sol était de première qualité partout; j'ai pensé, après examen, que ces trois causes avaient seules déterminé la maladie de ces pêchers.

On conçoit, d'après ce que je viens de dire, que pour rétablir la santé aux pêchers malades il n'est pas besoin de recourir aux fumiers, terreaux, etc., ainsi qu'aux profonds labours, on peut rendre la santé aux arbres fruitiers à très-bon marché, les remèdes les plus violents sont ceux qui nous font le plus de mal et ceux qu'on emploie pour les végétaux doivent être simples, naturels et non artificiels, ce ne sont pas les jus de fumiers, les cendres lessivées, les eaux de lavures indiquées par M. Choppin, de Bar-le-Duc (1), qui sont dans le cas de rappeler à la vie un pêcher mourant; ces procédés sont bien plus capables de les envoyer quelques années plus tôt dans l'autre monde. Ce qu'il faut aux arbres et aux pêchers en particulier, c'est une terre vierge végétale, remuée le plus profondément possible, des binages réitérés pour que les mauvaises herbes n'altèrent pas la surface en empêchant les pluies de pénétrer dans la terre, et de nourrir les jeunes racines; ce qui leur convient, c'est l'éloignement des légumes et racines alimentaires, parce que pour les cultiver il faut donner de profonds labours et employer des engrais qui ne conviennent pas du tout au pêcher. D'un autre côté, toutes ces plantes absorbent une grande quantité d'humidité, tant par leurs feuilles que par leurs racines qui dessèchent le sol toujours au préjudice des pêchers, ceux-ci fixés à la muraille ne peuvent respirer que d'un seul côté, et seulement encore la partie des gaz que les plantes légumières veulent bien leur laisser, puis, comme si tout cela n'était pas capable de porter préjudice à la prospérité des pêchers, il faut encore éta-

(1) Il n'y a pas un seul théoricien qui puisse prouver, à nous autres pauvres praticiens, qu'il a jamais vu pousser des racines d'arbres fruitiers ni forestiers dans la cendre. L'expérience faite à ce sujet, par un grand dignitaire que je ne veux pas nommer ici, nous l'a confirmé.

blir au-dessus des arbres un cordon de vignes dont les grandes feuilles s'allongeant en avant sur une longueur de 25 à 26 centimètres ont l'avantage de recevoir les pluies et toutes les rosées, tandis que les pauvres pêchers ne recueillent rien, car les feuilles de la vigne dépassant de beaucoup l'épaisseur de ceux-ci font l'office de gouttières et rejettent l'eau en avant. Aussi arrive-t-il que les insectes se trouvent très à leur aise pour se multiplier, tels sont les kermès de M. Lelieur, et un autre insecte dont on n'a jamais parlé, qui attaque le dessous des feuilles du pêcher dont il mange le parenchyme, feuilles qui perdent leur couleur verte, deviennent jaunâtres et finissent par abandonner l'arbre de bonne heure, tandis que les jeunes pousses sont maigres souvent et que les fruits cessant de prendre leur grosseur ordinaire tombent avant leur maturité. Ces insectes multipliant à l'infini reparaissent l'année suivante en plus ou moins grande quantité, suivant que l'été est plus ou moins chaud et sec : c'est le même insecte que les jardiniers connaissent sous le nom de grise des melons ou araignée des melons; je ne me rappelle pas bien les années où cette peste a sévi à Montreuil et a failli faire périr tous les pêchers, c'est, je crois, dans les années 1834 ou 1836 qu'elle a exercé ses ravages qui ont duré deux ou trois ans; les cultivateurs de Montreuil doivent très-bien se le rappeler, car elle leur a causé assez de dommages; leurs arbres en ont été très-fatigués et n'ont pas donné de fruits.

J'ai vu les arbres de Montreuil l'année où la maladie a paru, et je n'ai pas été surpris de ses envahissements, parce que je connaissais la manière de cultiver des jardiniers du pays, je savais qu'ils se servent pour engrais des boues de Paris qu'on nomme vulgairement *gadoues*; je n'ignorais pas que cet engrais engendre l'insecte en question, et, à cette époque, j'avais rédigé, pour le *Journal de Flore et Pomone*, un article très-détaillé sur cet animal, où j'expliquais les moyens de s'en préserver ou de prévenir sa présence; mais malheureusement cet article ne fut pas imprimé et l'original était resté entre les mains du rédacteur qui ne le fit paraître que deux ou trois ans plus tard dans les *Annales de Flore et Pomone*. Cet insecte est à peine visible à l'œil nu; il établit son domicile sous les feuilles dont il mange la surface; on l'aperçoit se mouvoir très-vivement et changer de place, et lorsqu'il est tourmenté il se retire dans l'angle que forment les nervures des feuilles, près du pétiole où il file une petite toile blanchâtre très-fine, sous laquelle il dépose son immense progéniture; c'est de là que partent des légions qui envahissent des arbres tout entiers. On retrouve ce même insecte sur différents végétaux, tels que les melons, les concombres, les aubergines, toutes les cucurbitacées, les datura, la mercuriale annuelle et sur beaucoup d'autres végétaux qu'il serait trop long d'énumérer ici. Il y avait longtemps que j'avais jugé que la trop grande quantité d'engrais employés dans les cultures de Montreuil leur deviendrait préjudiciable, et si la grise des melons s'est emparée des pêchers de ce pays, elle est sortie des boues de Paris.

Cet insecte naît et se multiplie à l'infini par une année sèche et chaude, mais il périt par l'humidité. Je suis persuadé que cette calamité existe encore au vieux Montreuil où l'on ne rencontre que petits jardins resserrés, privés d'air, dans lesquels il fait une chaleur insupportable en été. La maladie étant endémique dans ce vieux quartier, on y fait peu d'attention parce que les habitants disent eux-mêmes que les pêchers n'y peuvent plus vivre, que la terre est usée, qu'elle n'en veut plus, et si un arbre est malade, ils ne recherchent pas la cause du mal et se contentent de l'attribuer à la détérioration du sol, chose assez surprenante de leur part, car ils n'ignorent pas qu'en changeant la terre on peut lutter contre la nature; mais c'est le défaut d'air libre qui contribue plus que la terre à la mauvaise santé des pêchers dans ce quartier, et les cultivateurs l'ont si bien senti que depuis quarante ans ils n'ont cessé de s'éloigner du centre du pays pour aller construire des jardins neufs plus spacieux sur les hauteurs qui dominent leur village, tels que Romainville, Rosny, Fontenai-sous-Bois, et que tout nouvellement ils ont été obligés de construire dans la plaine qui avoisine Vincennes, où ils pourront, s'ils le veulent, avoir de beaux pêchers parce que le sol et la position y sont très-convenables. Mais pour cela il faudra, tôt ou tard, abandonner l'emploi des boues de Paris, parce qu'on finira par s'apercevoir qu'elle est préjudiciable.

A Montreuil, les pêchers sont tous greffés sur amandier; or celui-ci ne réclame du cultivateur aucun engrais; il enfonce ses racines à une si grande profondeur, qu'en supposant même ces engrais utiles, ils ne peuvent leur être bien avantageux à cause de cet enfoncement même des racines. Je sais bien qu'il existe aussi des racines horizontales qui sont moins éloignées que les autres, mais celles-ci ne font pas grands progrès parce qu'elles sont continuellement tourmentées par les labours, les cultures différentes pratiquées dans le voisinage de leur tronc et les enterrements d'engrais qui leur sont plutôt pernicieux qu'utiles.

Cependant quelques cultivateurs de Montreuil commencent à abandonner l'usage d'enterrer des fumiers au pied de leurs arbres; ils les répandent simplement sur le terrain; les uns laissent ces gadoues sur le sol toute l'année pour maintenir la terre fraîche; les autres, en plus grand nombre, donnent un labour au printemps et l'enterrent sans trop savoir pourquoi, mais le motif c'est qu'ils ont de la peine à abandonner cette ancienne routine, héritage que leur ont légué leurs pères, et malgré la bonne volonté que nous leur supposons, les soins et les peines qu'ils se donnent, ils ne pensent pas et ne peuvent pas prévenir ou chasser les émanations insalubres qui s'élèvent continuellement, surtout lorsqu'elles sont provoquées par la chaleur du soleil. Les pêchers ont une respiration aussi bien que ceux qui les cultivent. Les miasmes qui s'élèvent continuellement et dont les vapeurs et l'air se chargent pour les déposer en rosées pendant la nuit sur les feuilles des pêchers, ne peuvent qu'être préjudiciables à leur santé. C'est ce qui m'a fait avancer qu'il vaudrait mieux ne répandre rien du tout, ou tout au moins ne répandre sur le terrain que des matières à peu près inodores, tels que des débris de meules à champignons ou de couches à melons qui en nourrissant la superficie du sol, ne dégagent aucune mauvaise odeur.

Les Montreuillois, en employant une aussi grande quantité de gadoues, sont encore exposés à voir leurs pêchers assaillis par des myriades de perce-oreilles qui attaquent leurs fruits et notamment leurs pêches. Ces insectes que tout le monde connaît ne naissent pas au sein des gadoues, mais ils y sont attirés par l'odeur que répand cet engrais. On se donne alors des peines infinies pour prendre et détruire cet insecte, et ce qui a lieu d'étonner c'est que beaucoup de ces cultivateurs ne savent pas comment il est possible que ces animaux affluent en aussi grande quantité, beaucoup ignorant que le perce-oreille au corps fluet allongé qui court sur terre avec beaucoup d'agilité est pourvu d'ailes qui le transportent au loin pour chercher sa nourriture. Lorsqu'il arrive dans un canton qui lui convient, il y fixe sa demeure, s'y établit et y multiplie avec fécondité. Une femelle de perce-oreilles pond ordinairement au moins soixante œufs qui éclosent dans le mois de juillet, de là cette quantité apparaissant tout à coup dans des jardins où l'on n'en voyait pas d'habitude.

Cet insecte est très-vorace; il se nourrit de toutes sortes de débris dans les gadoues; mais lorsque les pêches commencent à entrer en maturité, il les perce de trous à l'endroit le plus tendre pour s'en rassasier, et comme ses dégâts n'ont lieu que la nuit il n'est pas possible de saisir l'animal qui se retire dans des cachettes pour passer la journée à l'ombre; on conçoit quel dommage causent ces petits animaux, car un fruit pour peu qu'il soit attaqué n'est plus vendable; aussi les cultivateurs emploient-ils tous les moyens en leur pouvoir pour les détruire; et comme ces insectes aiment assez les salades, telles que romaines ou laitues, il est facile de les prendre en posant de distance en distance quelques romaines ou laitues montées où ils ne manquent pas d'aller se cacher parmi les feuilles pour être à l'ombre et en même temps pour manger ces mêmes feuilles qui commencent à entrer en décomposition. En allant et venant on secoue les pieds de salade dans une cloche de verre à melons, et on les trouve par troupes que l'on peut de suite porter aux poules qui en sont très-friandes. A défaut de salades, les Montreuillois font de petits paquets de jeunes pousses de vigne et les posent çà et là pour le même objet; mais alors ils sont obligés d'écraser les insectes qu'ils font tomber des paquets.

Nous avons indiqué ci-dessus la manière d'élever les pêchers nains pour espalier; mais pour faire des individus à tiges, ainsi que pour les demi-tiges, le travail est un peu différent. Si ce sont des amandes qu'on veut mettre en place, il faut mettre une distance de 65 centimètres entre chaque individu; si ce sont des plants tirés de semis, c'est la même chose pour la distance, mais ces plants auront dû être habillés à la longueur de 30 à 35 centimètres, en ayant soin d'allonger la racine le plus possible, de manière que le plant étant en place il n'y ait plus qu'un œil ou deux hors de terre. Cette plantation devra être faite en novembre s'il est possible, afin que la végétation de l'année suivante soit plus vigoureuse. On devra tenir le terrain net de mauvaises herbes au moyen de binages réitérés chaque fois qu'il sera besoin, et on doit toujours se rappeler que plus la terre est remuée à la superficie, plus elle est disposée à recevoir une plus grande somme des influences atmosphériques favorables à la végétation. Il faudra aussi visiter les plants, et comme il est probable que quelques-uns auront donné plusieurs bourgeons, on supprimera les plus faibles et on conservera le plus fort qui doit devenir la tige. L'année suivante, les plants pousseront avec vigueur, leurs racines trouvant une terre bien remuée prendront beaucoup de consistance, et fourniront une séve abondante qui déterminera l'apparition de nombreux bourgeons le long du bourgeon principal; mais sur l'œil terminal du principal jet il est probable qu'il s'en sera développé trois ou quatre, dont il ne faudra conserver qu'un seul et le mieux placé pour continuer à former une tige bien droite.

Il ne faudra pas couper ces bourgeons ras le corps, mais à deux ou trois yeux, pour ne pas faire de plaies ni interrompre le cours de la séve. Les jeunes bourgeons qui n'auront pas plus de 16 centimètres de longueur devront être conservés intacts; ce sont ceux qui aideront la tige à grossir et à se fortifier, car rien n'est plus contraire au bon sens que de supprimer sans discernement les bourgeons qui croissent à tous les yeux le long d'un individu destiné à faire une tige; il vaudrait mieux n'en supprimer aucun que de les ôter ainsi sans raison. C'est pourquoi nous laissons des bourgeons depuis la terre jusqu'en haut afin que la séve soit attirée constamment et balancée également dans son action. S'il se présente un jet plus fort et disposé à prendre trop d'empire, on le coupe à deux ou trois yeux pour le faire rentrer dans l'ordre comme ses voisins. De cette manière la tige a encore l'avantage d'être ombragée des rayons du soleil; la séve y circulant à l'aise arrive en haut sans être contrariée.

A la troisième pousse qui est l'année où les sujets devront avoir acquis assez de force pour supporter l'opération de la greffe, on aura également soin de supprimer à deux ou trois yeux les forts bourgeons qui se seraient montrés; puis comme la partie inférieure de la tige aura dû acquérir assez de force vers la mi-juillet, à peu près quinze jours ou trois semaines avant de greffer on coupera au ras de l'écorce du sujet tous les petits bourgeons qui se rencontreront à la hauteur de 1 mètre environ; puis à la hauteur de 1m,50 à 2 mètres on nettoiera ou pour mieux dire on préparera la place où l'on devra placer l'écusson, c'est-à-dire qu'il faudra ôter tous les petits bourgeons sur une longueur d'environ 24 à 26 centimètres, afin que le greffeur puisse choisir sur la circonférence du sujet la place la plus convenable pour placer un écusson ou quelquefois deux en regard, c'est-à-dire opposés l'un à l'autre suivant que les sujets sont plus ou moins forts. Ceux greffés ainsi en regard conviennent pour les murs très-élevés, et par la manière dont on les greffe ils sont déjà établis suivant le premier principe de la forme que l'on donne au pêcher qui est celle d'un V très-ouvert, et déjà tout formés pour ainsi dire d'eux-mêmes, parce que lorsque ces greffes prennent du développement, elles s'éloignent d'autant plus l'une de l'autre qu'elles recherchent l'air. On peut même les ébourgeonner des deux côtés de manière à les dresser pour être appliquées sur un mur et palissées à la loque ou sur un treillage avec l'osier ou du jonc.

L'ébourgeonnement de ces arbres est bien simple, il consiste à supprimer non pas ras de l'écorce les bourgeons qui croissent devant et derrière, mais à les couper dans leur jeunesse et quand ils n'ont encore que 15 centimètres de longueur de manière à ce que la feuille qui les accompagne ordinairement reste au talon du bourgeon coupé. Tous les bourgeons des côtés ou extérieurs doivent rester dans leur entier, mais ceux du dedans ou de l'intérieur doivent être pincés sévèrement dès qu'il ont acquis 15 à 16 centimètres de longueur, en renouvelant cette opération toutes les fois qu'on s'apercevra qu'ils veulent prendre le dessus.

Comme à la suite de ce pincement il se développe presque toujours deux ou trois bourgeons au lieu d'un, il faut au second ébourgeonnement le rabattre sur le plus inférieur et le pincer aussi lui-même; par ce moyen, la séve se trouve contrainte de refluer dans les rameaux restés intacts à l'extérieur et d'y établir des canaux d'autant plus larges que toute la masse de celle-ci sera obligée à l'avenir d'y circuler plutôt qu'ailleurs. Mais dans aucun cas on ne doit toucher à la tête de l'amandier, soit pour le tailler, soit pour l'ébourgeonner; on ne pourrait le faire sans mettre le désordre dans la végétation. Il faut laisser la tige pousser à son aise, car si on avait le malheur, par un accident qu'on ne peut quelquefois pas prévoir, que la greffe vînt à manquer, on devrait se trouver fort heureux de pouvoir se reprendre au-dessus.

Parmi les sujets d'amandier destinés à être greffés, il s'en rencontre quelquefois qui sont d'une vigueur extraordinaire et qui, malgré tous les soins, au lieu de pousser droit et de former une belle tige, se déjettent à droite et à gauche, se tordent de toutes les manières. On peut également les greffer comme les autres, mais il ne faut pas oublier à la fin de mai de les dresser de la manière suivante. On se munit d'échalas ou tuteurs très-droits, et d'osiers fendus des tonneliers, bien trempés et bien souples. Il faut être deux; on pose l'une des extrémités du tuteur au-dessus de la courbure, on lie fortement ce tuteur au sujet au moyen de huit ou dix tours d'osier, on appuie le tuteur sur la courbe au-dessous de laquelle on fait une seconde ligature semblable à la première, puis une troisième à l'extrémité inférieure. Par ce moyen le sujet doit se trouver droit. On le laissera en cet état jusqu'au mois de novembre, époque où la séve cesse de circuler; alors les fibres ayant eu le temps de se fortifier et de se consolider, on délie les tuteurs et les arbres restent aussi droits que les autres, sans qu'il reste aucun indice qu'ils aient été soumis au redressement.

En général, tous les arbres d'une pépinière doivent être droits et parfaitement d'aplomb sur leur pied, et pour les tiges il n'est pas besoin de recourir aux tuteurs affilés pour les enfoncer près du sujet; les tuteurs de cette espèce conviennent, il est vrai, pour maintenir un sujet contre l'effort du vent, mais lorsqu'il s'agit de redresser et de faire disparaître un ou quelquefois plusieurs courbures, c'est tout simplement un tuteur carré, d'une consistance, s'il se peut, assez forte pour faire obéir le sujet; au reste, je le répète, il faut que cette opération soit faite à la fin de mai ou dans la première quinzaine de juin, car lorsque le sujet est ainsi en pleine séve il est docile et obéit aisément.

L'amandier étant un des arbres qui prolongent le plus leur végétation, on ne peut guère le greffer avant le mois d'août. Plus le terrain est substantiel et plus la végétation se prolonge; mais pour la réussite des greffes elles doivent être terminées le 15 août. A cette époque, la séve est encore en grande activité; il fait ordinairement assez beau temps, et des greffes opérées par un beau soleil ont toujours l'avantage de bien réussir, parce que la soudure ou petit bourrelet qui se forme autour de l'écusson se fait de suite; tandis qu'avec des greffes faites par un temps inconstant, par exemple, si, après que les écussons sont placés, il vient à pleuvoir, quelque parfaitement enveloppées qu'elles soient, l'humidité s'introduit entre l'écusson et le sujet et empêche l'action de la séve qui ne peut s'allier au rudiment de l'œil, point central qui constitue la reprise de la greffe. C'est pourquoi, autant que possible, lorsqu'on veut greffer on doit toujours choisir un temps sec et clair, parce qu'on est certain que la séve est en activité; tandis que si le soleil se cache pendant plusieurs jours et que l'air se refroidisse elle se ralentit aussi en proportion, et alors les greffes reprennent plus lentement ou pas du tout.

Je sais bien que des auteurs, très-savants d'ailleurs, conseillent de ne greffer les amandiers que vers la mi-septembre; mais ces auteurs, tout respectables qu'ils sont, n'ont jamais cultivé par eux-mêmes, ils ne prévoient pas les inconvénients de greffes faites trop tard; je dis trop tard, car souvent le sujet pousse encore lorsque vous voulez le greffer, ou du moins il a l'air de pousser, mais le fait est qu'il est au terme de sa période de végétation annuelle. Vous pouvez encore introduire l'œil sans difficulté, mais cela n'empêche que le lendemain peut-être la séve ne circule plus. Je rapporterai ici quelques faits à l'appui de ce que je viens de dire. J'ai vu quelquefois des sujets qui paraissaient être en pleine végétation ne pas présenter de séve à l'endroit où il aurait fallu placer l'écusson et en avoir du côté opposé; d'autres fois on trouvait de la séve à 60 à 80 centimètres de hauteur, pendant qu'il n'y en avait plus au bas du sujet. Ceci prouve bien évidemment que la circulation de la séve est sur son déclin et qu'il était déjà trop tard; or, comme la soudure de la greffe ne peut plus se faire assez promptement, il s'ensuit que l'humidité des pluies et des rosées qui sont assez fréquentes dans cette saison, s'introduit dans l'incision et est capable de déterminer un ulcère gommeux qui détruit la greffe.

Les sujets destinés à former des demi-tiges n'étant pas obligés d'être aussi élevés que pour les tiges, pourront être greffés un an plus tôt. On pourra mettre deux greffes opposées, ainsi que je l'ai expliqué pour les tiges. Quant aux sujets les plus forts, ils devront être soigneusement ébourgeonnés sur les deux côtés et à l'intérieur ou les jeunes bourgeons seront pincés à plusieurs fois afin d'obliger la sève de fortifier les bourgeons latéraux de l'extérieur. Ces demi-tiges, ainsi préparées, peuvent être employées avec avantage pour les espaliers ou pour les vergers; dans ce dernier cas, il est inutile qu'elles aient été ébourgeonnées, leur traitement futur ne devant pas être le même. Mais un jardinier habile peut tirer bon parti de demi-tiges ainsi préparées, et lorsqu'il a un emplacement convenable gagner au moins une année, puisque le pêcher ainsi préparé est susceptible de recevoir toutes les formes en éventail qu'il peut convenir à chaque cultivateur de lui faire prendre, soit celle de Montreuil, soit celle indiquée par M. d'Albret ou celle du nouveau la Quintinie, celle à la Dumoutier, soit enfin la forme carrée de M. Lepère. Comme au moyen de l'ébourgeonnement, du pincement et de quelques autres moyens que j'indiquerai plus loin on peut envoyer la sève où on veut, que les demi-tiges sont déjà dirigées de manière que la masse de celle-ci est presque en totalité sur les côtés extérieurs de l'arbre, on peut bien ne pas rabattre aussi court, mais choisir les rameaux dont on voudra se servir pour former la charpente de son pêcher, sans pour cela que la végétation se trouve trop ralentie par son déplacement. Il en sera de même pour les pêchers-tiges, au lieu de rabattre les greffes à quelques centimètres de leur insertion pour obtenir deux rameaux capables de devenir le type de tous les autres. Il se passe ainsi quelquefois deux ou trois ans avant que l'on ait pu parvenir à régulariser la forme de son arbre, tandis que lorsqu'il est dressé ainsi dans la pépinière, on a de suite les moyens de choisir les rameaux qu'on veut conserver. Les couloirs ou passages de la sève sont largement établis; elle ne rencontre point d'obstacle capable de l'arrêter, et dès la deuxième année on peut déjà obtenir quelques fruits et un arbre déjà tout formé.

II. DÉPLANTATION ET PLANTATION.

Lorsqu'on a une plantation de pêchers à faire, il est de toute nécessité de bien examiner la qualité du sol, afin de faire préparer le terrain suivant les diverses circonstances qu'on aura remarquées. Tout terrain peut convenir au pêcher, pourvu qu'il ne soit pas trop humide, c'est-à-dire que ses eaux ne soient pas stagnantes mais puissent s'écouler. Une épaisseur de 1 mètre au moins de terre est nécessaire au pêcher sur amandier. Si ce sont des espaliers neufs que l'on veut planter, la terre naturelle est tout ce qu'il faut; les trous devront être ouverts sur une largeur de 1 mètre et autant de profondeur, à la distance de 12 mètres l'un de l'autre. Si la terre est dure, pierreuse, caillouteuse, il faudra extraire toutes ces pierres et les remplacer par autant de terre végétale; c'est même un motif pour agrandir un peu davantage la dimension des trous; mais si c'est un terrain facile à percer, il suffit de fouiller à la profondeur indiquée. Si le terrain était libre, ce serait une excellente besogne que d'ouvrir ces trous vers le mois d'août, afin que la terre déposée sur leurs bords puisse recevoir les influences du soleil, des pluies, etc. Dans le cas où on aurait affaire à un terrain compacte, dur, d'une grande ténacité, il n'y a pas de meilleur moyen pour l'ameublir que de le laisser ainsi exposé aux influences atmosphériques.

S'il était permis de choisir un beau temps pour planter, on serait sûr d'une réussite certaine, car au lieu d'un terrain dur peu facile à diviser, on trouverait sous la main une terre douce comme de la cendre, facile à introduire entre les racines.

Comme les trous ont une profondeur de 1 mètre au moins, il faudra qu'ils soient remplis à une certaine hauteur, suivant que les racines seront plus ou moins longues; on poussera les gazons au fond et le long des parois du trou, afin qu'ils aient le temps de se décomposer avant que les racines arrivent jusqu'à eux; on les découpera, on les frappera avec la bêche dans le cas où ils auraient encore conservé une grande ténacité. Si le propriétaire ou la personne chargée de la plantation veut adoucir et améliorer un sol compacte, il se procurera quelques tombereaux de sable, non celui qui recouvre ordinairement les masses de grès, mais du sable jaune ou rouge ou gris qui se trouve par nids, par exemple dans les environs de Versailles; il en mêlera à peu près un quart à la terre des trous, et surtout à celle qui doit environner les racines; ce sable est d'un grand secours pour aider et même provoquer le développement des mamelons des nouvelles racines; bien mêlé à la terre, il la divise singulièrement, donne un passage facile aux nouvelles racines qui peuvent s'y allonger dans tous les sens. Il a encore l'avantage de donner un libre passage à l'eau et d'assainir le terrain.

Il y a une méthode pour préparer les espaliers et planter les pêchers qui est fort bonne, mais qui est peu en usage, quoiqu'elle ait été indiquée par des savants très-recommandables et dont les connaissances en horticulture ont beaucoup d'autorité. Elle consiste non à ouvrir des trous, mais à ouvrir une tranchée de 2 mètres à 2m,50 de largeur sur une longueur indéterminée, suivant la disposition des lieux; c'est ce que l'on appelle planter à tranchée ouverte. C'est un véritable défoncement dans toute la force du terme, puisqu'il est d'usage et qu'on a reconnu qu'il était utile et nécessaire de faire remuer le terrain à 1m,30 de profondeur dans toute la longueur des murs. Avec un pareil travail, on peut vaincre toutes les difficultés. L'opération est dispendieuse, mais elle est profitable. Quand un propriétaire est amateur et riche, c'est ainsi qu'il doit faire travailler; les plantations de tous nos grands jardins d'amateurs avaient été exécutées d'après cette méthode, par exemple chez M. Pelletier, à Frépillon, vallée de Montmorency, M. Goupi, à Aubonne, même vallée, M. Gerbier, à Franconville-sous-Bois. Ces jardins comportaient des espaliers considérables par leur étendue, et aussi les pêchers y végétaient avec force, vivaient longtemps et donnaient des fruits beaucoup plus gros que ceux que l'on voit aujourd'hui. Ces pêchers, plantés d'après des principes raisonnés, pouvaient étendre leurs racines à une grande distance, se procurer les sucs nécessaires pour leur donner une grande force de constitution.

M. l'abbé Roger et *le Nouveau La Quintinie* ont donné d'assez bons préceptes sur la culture du pêcher : je dis *le Nouveau La Quintinie*, ouvrage qui n'est pas de cet horticulteur, car dans celui en deux forts volumes, qu'il a composé lorsqu'il était jardinier de Louis XIV, on ne trouve aucune notion utile sur le pêcher, les lumières du siècle n'ayant pas encore éclairé la culture du pêcher. La Quintinie a fait faire des dépenses immenses pour l'établissement des jardins potagers de Versailles, mais il n'a jamais donné de principes bien coordonnés d'après lesquels un jardinier pût donner une forme agréable et utile en même temps. Il est vrai que jamais non plus il n'a osé indiquer l'emploi de fumiers pour les plantations de pêchers; mais il ne le pouvait pas non plus, et il a préféré rester dans le doute. Quant au *Nouveau La Quintinie*, composé par une société d'amateurs, il en dit plus que les deux forts volumes écrits par cet auteur lui-même, et un jardinier peut travailler d'après ses indications sans avoir la crainte de se tromper. Le système de la taille du pêcher y est expliqué avec une clarté d'expression inconnue du temps de La Quintinie, et malgré les principes nouveaux publiés par des auteurs d'ailleurs très-instruits, *le Nouveau La Quintinie* sera toujours un livre très-instructif pour les jeunes gens qui se destinent à la culture du pêcher. Seulement ces auteurs ont eu le tort d'être plus téméraires que La Quintinie en indiquant les labours et l'usage du fumier; c'est une erreur, mais qui est bien excusable quand on n'est pas cultivateur de profession. Nous avons des auteurs qui de nos jours propagent bien d'autres erreurs en voulant introduire dans la culture du pêcher des innovations qu'on ne peut pratiquer sans compromettre la santé et la perte des individus.

Une tranchée ayant été ouverte, ainsi que je l'ai dit, à 1m,30 de profondeur, la terre doit en être piochée et divisée le mieux possible et être rejetée à mesure derrière soi. Comme il est probable qu'il s'y rencontrera des pierres, il faudra les extraire soigneusement. Si on trouve un lit ou une masse de glaise, il faudra l'enlever et la remplacer par des terres végétales prises à la superficie d'un terrain qui n'ait pas encore nourri d'arbres fruitiers, et même, si l'on était dans le voisinage d'une sablière, ce serait une bonne opération que de mêler à la terre de remplissage une bonne quantité de sable. Il est bien reconnu qu'un pêcher planté dans un sol qui repose sur le sable n'est jamais attaqué de la jaunisse, maladie assez fréquente parmi les individus qui sont plantés dans un sol argileux et dur où les racines ne peuvent s'étendre ; dans ce dernier sol, l'eau s'amasse, se putréfie, les racines n'envoient qu'une sève mal élaborée qui occasionne la maladie au point que le feuillage est quelquefois tout blanc. Si on veut sauver l'arbre, il faut fouiller tout autour, creuser plus bas que le sol sur lequel reposent les racines, enlever le plus possible de cette terre imprégnée d'eau putride, la remplacer par d'autre terre végétale prise à la superficie. Aussitôt que les racines se seront introduites dans cette nouvelle terre, les principales nervures des feuilles commenceront à verdir, puis l'arbre recevant une nourriture plus saine, plus appropriée à ses besoins, finira par reprendre tout à fait sa verdeur habituelle. Les eaux qui étaient retenues sous les racines s'écoulant dans la partie creusée autour de l'arbre ne nuiront plus à sa santé ; et, en travaillant, il faut que les ouvriers aient l'attention de tailler la terre en glacis, dont la partie inférieure arrive au fond de la tranchée, à environ 65 centimètres de la ligne perpendiculaire du mur, afin de prévenir les éboulements du terrain qui pourrait manquer de solidité et par conséquent provoquer quelques dégradations à la muraille.

Si, comme je le disais tout à l'heure, on était près ou au moins à portée d'une sablière et qu'on eût la facilité d'en mélanger une certaine quantité à la terre de la tranchée, ce serait un amendement très-convenable qui pourrait beaucoup contribuer à la prospérité de la plantation.

Si le mur n'a que $2^m,30$ à $2^m,50$ de hauteur, on ne doit planter que des pêchers nains : mais s'il est élevé à la hauteur de 3 mètres et plus, ainsi que cela se présente quelquefois, on pourra planter entre les nains, alternativement, des pêchers demi-tiges qui occuperont une partie du mur en attendant que les pêchers nains en couvrent une certaine étendue. Ainsi, le mur se trouvant garni, on obtiendrait une récolte beaucoup plus considérable que si on attendait que les nains ou basses-tiges eussent déjà pris une certaine étendue. Les uns garnissant le haut, les autres le bas de la muraille, les jouissances de la récolte se trouvent devancées de plusieurs années sans plus de frais.

Si le mur se trouvait être d'une hauteur extraordinaire, de 5 à 7 mètres, tel que celui qui existait à l'ancienne pépinière du Roule, faubourg Saint-Honoré, et que Du Petit-Thouars avait fait planter en pêchers quenouilles ou palmettes, on pourrait bien planter des tiges entre les basses-tiges pour garnir le haut, tandis que la partie inférieure se trouverait occupée par ces basses-tiges. J'ai vu et suivi les progrès de ces arbres en palmettes ; j'ai pu me rendre compte de leurs progrès : il n'y avait pas, à cette époque, de plus bel espalier je ne dis pas à Paris mais en France. Rien n'ayant été épargné pour la plantation, quoique le terrain ne fût pas de première qualité, les arbres végétaient avec force. M. Bonnet, jardinier en chef de cette pépinière, avait été chargé de faire leur éducation, et il s'en était acquitté de manière à mériter les éloges de tous les amateurs, connaisseurs et praticiens ; seulement quelque chose manquait à ce chef-d'œuvre, c'était de beaux fruits. Quoique les arbres fussent bien dirigés, le chef de l'établissement, Du Petit-Thouars, voulait qu'on laissât tous les fruits qui ne tombaient pas d'eux-mêmes, de sorte qu'au lieu de récolter deux mille pêches d'une grande beauté on en récoltait quatre ou cinq mille qui n'étaient pas dignes de paraître sur une table opulente.

Lorsque le défoncement de l'espalier est terminé, il s'agit de procéder à la plantation ; si le temps est convenable, c'est-à-dire s'il fait beau, que la terre soit plutôt sèche qu'humide, on devra d'abord prendre et marquer les distances, puis on procédera à l'ouverture des trous, qui devront être proportionnés à la longueur des racines. La terre ayant déjà été remuée, il n'est pas difficile de leur donner la dimension que réclameront les diverses directions des racines.

La déplantation d'un pêcher demande beaucoup d'attention de la part de celui qui en est chargé, surtout dans une pépinière où les individus sont toujours assez rapprochés les uns des autres ; mais comme les rangées se trouvent toujours au moins à 65 centimètres l'une de l'autre, ceux qui ont l'habitude de ce travail commencent par mettre la main sur l'individu et, au moyen d'un léger mouvement opéré à droite ou à gauche, ils voient de suite de quel côté sont les principales racines horizontales. Au moyen de la bêche ou de la pioche, ils creusent une petite fosse du côté opposé, afin de ne pas les endommager ; puis, avec la main, ils dégarnissent un peu la terre du collet, s'assurent de leur direction, et quand ils ont enlevé la terre de la fosse assez profondément, ils dégarnissent autant que possible les racines sans les blesser, enfoncent la bêche un peu profondément et donnent un mouvement du côté de la fosse qu'ils viennent d'ouvrir. Si c'est un pêcher nain qu'ils déplantent, ils saisissent l'arbre des deux mains entre la greffe et le collet, et en faisant un effort le plus perpendiculairement possible, les racines pivotantes viennent dans toute leur longueur.

Les demi-tiges et les tiges sont un peu plus difficiles. Comme elles ont une année ou deux de plus, et par conséquent plus de racines, on est obligé d'ouvrir une fosse un peu plus large et plus profonde, afin d'avoir toutes les racines. Le travail est le même ; mais si les racines sont plus fortes, le déplanteur a aussi plus de facilité pour se saisir du corps de l'arbre et pour employer toute sa force pour tirer à lui les racines pivotantes dans toute leur longueur. Lorsque la terre a été bien défoncée, cette opération se fait avec assez de facilité ; car, pour les pêchers nains surtout, elle n'a pas encore eu le temps de s'affaisser et de se durcir, et on obtient aisément toutes les racines. Aussi un pépiniériste n'est-il pas excusable lorsqu'il présente ou fournit à ses pratiques des pêchers dont les racines ont été coupées à coups de pioche, sans compter les meurtrissures et les mutilations de toute espèce qu'elles ont éprouvées. On conçoit que des pêchers ainsi traités ne puissent pas faire de grands progrès la première année de leur plantation.

Les pêchers, une fois qu'ils ont été déplantés, doivent être mis en place de suite avec toutes leurs racines placées bien à leur aise. Si les pivots étaient longs, comme cela arrive quelquefois, il faudrait enlever suffisamment de terre pour les bien loger, de manière à ce qu'ils n'éprouvent aucune courbure. Chaque individu pêcher nain devra être rabattu ou taillé à 15 à 20 centimètres au-dessus de l'insertion de la greffe, en observant toutefois que la coupe de la taille soit, comme celle de la greffe, tournée du côté du mur. Chaque individu sera placé à une distance de 26 centimètres de la muraille, et on introduira la terre la plus douce, la plus végétale, parmi les racines. Quand celles-ci seront entièrement recouvertes, on soulèvera l'arbre à plusieurs reprises en le secouant légèrement, afin que la terre s'insinue parfaitement : par cette opération le planteur est maître de planter plus haut ou plus bas ; et comme la terre, a dû être défoncée à 1^{m},30, il faut que l'arbre soit planté à au moins 10 à 12 centimètres plus haut que le niveau du sol. C'est dans le moment où on soulève l'arbre qu'on doit de suite le mettre à sa hauteur convenable et avoir l'attention de le fixer en appuyant et poussant légèrement jusqu'à ce que la coupe de la taille touche à la muraille. De cette manière on est certain que les racines ne se trouveront pas à une trop grande profondeur, car c'est une des conditions les plus favorables à la prospérité des pêchers. L'expérience nous apprend en général, que, plus un arbre est planté haut plus il est vert et fertile.

Quoiqu'il soit d'usage de planter de manière à ce que la coupe de la greffe regarde la muraille, il y a néanmoins des circonstances où l'on est obligé d'agir différemment, c'est quand une ou plusieurs fortes racines se trouvent à fleur de terre et dirigées directement vers la muraille; alors on est forcé d'agir différemment et de placer son arbre en sens contraire, la coupe en dessus au lieu d'être en dessous, afin de conserver des racines qui sont précieuses. Par ce moyen, on peut diriger celles-ci de manière à ce qu'elles n'éprouvent aucune courbure ni contraction. En effet, il est toujours fâcheux de supprimer des racines quand on peut s'en dispenser ; car, à la rigueur, nous savons que la réussite d'une plantation ne dépend pas rigoureusement de la position respective de la taille de la greffe : mais c'est un usage reçu, et on ne doit s'en écarter que le moins possible, parce qu'il convient toujours de mettre de la régularité dans toutes les opérations.

La plantation des tiges et demi-tiges se fera de la même manière; mais comme leurs racines seront plus volumineuses, plus longues, il faudra aussi que les trous soient ouverts sur une largeur proportionnée. Quant aux racines, il y a bien peu de choses à supprimer, si ce n'est quelques cassures aux extrémités qu'il est nécessaire de rafraîchir à la serpette. On appliquera le pêcher sur la muraille ou sur le treillage, suivant que le propriétaire aura décidé que ses arbres seront fixés à la loque ou au treillage. Le jardinier pourra de suite choisir les rameaux dont il devra se servir pour former les premières branches principales ainsi que les deux branches secondaires inférieures qui, avec des sujets traités suivant l'ancien usage, n'auraient pu être obtenues qu'à la deuxième année ; car si c'étaient des individus à greffes simples, on devrait les rabattre comme on fait pour les pêcher nains ordinaires.

Je ferai ici une observation relativement à la distance indiquée pour les pêchers en espaliers; quoique celle de 12 mètres soit indiquée, elle ne devrait pas être rigoureusement observée, car le plus ou moins de distance ne fait rien pour la prospérité ou la fertilité des pêchers; seulement je dirai que, parmi les meilleures variétés de pêches, il y en a qui poussent avec une vigueur étonnante, telles que la bourdine, le téton de Vénus et l'admirable. Le téton de Vénus surtout a des dispositions à s'étendre beaucoup, il est un de ceux qui exigeraient des soins ou un traitement tout particulier; comme son fruit mûrit assez tard, il devrait toujours être planté à la meilleure exposition, afin d'acquérir toutes les qualités qui le distinguent ordinairement. Cet arbre donne des bourgeons terminaux qui atteignent quelquefois une longueur de 2 mètres à 2m,30. Ceux de l'intérieur sont proportionnés pour la longueur, quoique d'une nature toujours assez grêle et menue. Dans cette variété les fleurs sont petites, quelquefois très-nombreuses, mais toujours très-éloignées de la naissance des rameaux; quand on veut avoir des fruits, il faut quelquefois aller chercher les fleurs à 40 ou 45 centimètres. Or cette nécessité apporterait un peu de confusion dans l'arrangement ou, pour mieux dire, dans la symétrie de l'arbre, si l'on ne prenait la précaution d'ébourgeonner à sec tous les yeux, jusqu'à la hauteur où sont fixées les fleurs, et ayant toutefois le soin de conserver au talon du rameau taillé, un œil, qui doit donner un bourgeon de remplacement pour l'année suivante; car une fois le fruit cueilli on peut sans aucune crainte supprimer celui-ci, qui devra de suite être remplacé par le bourgeon conservé à cet effet. Cette variété peut former en peu de temps un arbre d'une certaine étendue, c'est pourquoi j'ai dit que la distance de 12 mètres ne peut être de rigueur; d'ailleurs ce pêcher ne peut acquérir une grande fertilité qu'en lui laissant une certaine latitude, et avant de donner ses soins à un arbre, on doit bien l'examiner pour le traiter suivant les remarques qu'on aura faites; or celui en question étant d'une nature très-vigoureuse, il faut de la place pour pouvoir l'étendre, tout en ayant soin de tenir l'intérieur et les parties inférieures de sa charpente bien garnies de petites branches fruitières.

J'ai été, il y a quelque temps, appelé pour rétablir un espalier de pêchers qui avait été négligé. Parmi ceux-ci se trouvait un téton de Vénus d'une vigueur extrême. Je fis remarquer au propriétaire que le mur n'ayant que 2m,30 de hauteur, il n'était pas possible de restreindre un tel arbre dans un si petit espace, qu'il faudrait hausser le mur de 65 centimètres au moins et ôter les deux arbres voisins qui flanquaient ses deux côtés. Le propriétaire refusa; seulement j'obtins qu'on supprimerait la moitié des individus qui se touchaient à ses extrémités. J'eus beau représenter qu'il valait mieux n'avoir qu'un bel arbre que plusieurs médiocres, il ne voulut rien entendre, et la chose resta dans son premier état. Un jardinier malhabile vint peu après prendre la conduite du jardin, et au bout de deux ans le propriétaire fut obligé de me faire appeler pour rétablir ses pêchers; mais, cette fois, le plus bel arbre de son jardin était mourant : il avait été coupé, mutilé, et la sève ne sachant plus par où prendre son cours, avait fini par se faire jour à travers l'écorce. Des ulcères gommeux s'étaient emparés de lui, et il périssait victime des mauvais traitements du jardinier et de l'obstination de son propriétaire.

Dans les grands jardins, on devrait toujours avoir l'attention de planter les variétés vigoureuses près des murs les plus élevés et à des distances proportionnées à leur force de végétation. Vouloir contenir un arbre qui pousse beaucoup dans un très-petit espace est une chose possible, mais il faut qu'elle soit dirigée par un habile homme. Il est toujours plus édifiant, plus rationnel, de donner à un pêcher toute la latitude possible pour avoir un bel arbre et de beaux fruits. On possède plusieurs variétés qui réclament ainsi une distance assez considérable entre elles, telles sont : la grosse mignonne, le téton de Vénus, la Bourdine, l'admirable, la belle Bauce (variété de la grosse mignonne, obtenue de semence par M. Bauce, cultivateur à Montreuil, qui le premier a mis en usage l'ébourgeonnement à sec), nous avons encore deux autres variétés très-vigoureuses : le Pavie de Pomponne et le Brugnon violet; avec ces sept variétés, on pourrait composer une belle plantation qui se trouverait assortie pour les différentes époques de maturité. Mais pour tirer parti des murailles en attendant que les pêchers puissent avoir déjà acquis une certaine étendue, pour pouvoir payer leur place, on pourrait planter entre eux soit des poiriers quenouilles ou élevés en éventail, greffés sur coignassiers, des meilleures variétés : comme doyenné d'hiver, beurré d'Arembert, beurré d'hiver, beurré royal, bonchrétien d'hiver, etc., qui auraient déjà beaucoup donné de fruits avant que les pêchers aient pris une grande étendue. Ces poiriers, plantés seulement à 2m,50 à 3 mètres l'un de l'autre, auraient le double avantage de pouvoir être enlevés à mesure que les pêchers prendraient de l'étendue et d'être transplantés ailleurs sans courir aucun danger pour le succès.

On pourrait encore, dans les mêmes vues, avoir un pêcher greffé sur prunier, lequel ne devra pas, par sa nature, occuper un grand espace, mais qui, bien soigné, pourrait déjà donner de beaux et bons fruits avant que ceux sur amandiers, malgré leur grande vigueur, eussent pu arriver jusqu'à lui. Dans ce cas, il faudrait qu'il fût greffé en espèces des plus hâtives, afin que le fruit pût acquérir toutes ses bonnes qualités. Mais ce sera aussi à la condition qu'on ne donnera jamais de labours au pied des arbres et dans toute la largeur de la plate-bande qui longe l'espalier, afin de ne pas mutiler les racines qui naturellement s'approchent de la superficie.

Quand on a des pêchers sur prunier on ne peut trop surveiller et détruire les drageons qui poussent de leurs racines à d'assez grandes distances; un propriétaire de Clamart se plaignait que ses pêchers ne poussaient presque plus, quoique plantés dans un excellent terrain. Il me fit appeler, et tout en examinant ses arbres, je m'aperçus que la cime de ses pruniers dépassait la hauteur du mur du jardin, en dehors duquel il passait un ruisseau communal; le sol extérieur se trouvait donc plus bas que celui de son jardin. Nous sortîmes pour aller vérifier mon observation, et nous trouvâmes tout le long du mur une petite forêt de forts jolis pruniers qui vivaient aux dépens des pêchers. Les racines de ceux-ci ayant traversé la muraille, avaient établi une nouvelle colonie. On chargea immédiatement un ouvrier de les détruire, et les arbres reprirent leur ancienne vigueur.

Il est des auteurs qui soutiennent qu'il ne faut pas planter de pêchers formés, que les arbres que vendent les marchands sont une véritable déception que subissent les propriétaires. A leur avis il faudrait se condamner à ne jamais planter de pêchers plus âgés que ceux qui ont une seule année de greffe. Mais alors les propriétaires qui voudraient planter des pêchers-tiges seraient obligés de s'abstenir, car, suivant ces auteurs, les racines de l'amandier seraient trop vieilles pour supporter la transplantation. Sans aller bien loin, pour démontrer la fausseté de cette assertion il suffit de citer un fait bien simple, bien connu de tous ceux qui s'occupent d'horticulture. Quand, par exemple, nous plantons un pêcher-tige sur amandier, la greffe n'a qu'une année d'âge, mais le sujet amandier a au moins quatre années, et cependant j'ai l'entière conviction que sur cinq cents individus plantés avec les soins convenables, pas un seul individu ne manquera à l'appel par la faute des racines, mais bien par toute autre cause accidentelle et qu'on ne peut prévoir.

Il arrive quelquefois que dans une plantation, les greffes de pêchers périssent par le froid d'un hiver rigoureux, mais le sujet ne manque pas de repousser de forts rameaux qu'on peut regreffer, c'est seulement un retard d'une année. Je plante tous les ans beaucoup de pêchers que l'on appelle formés, plus ou moins âgés suivant l'exigence des propriétaires. Or, en employant les soins que réclame l'opération de leur plantation, je suis toujours certain de réussir. Les cultivateurs de Montreuil n'ont jamais assez de pêchers formés pour fournir à toutes les demandes qu'on leur adresse ; c'est une preuve du succès obtenu par les plantations faites avec leurs élèves : je pourrais citer plusieurs plantations faites depuis trois ans et qui sont dans un état prospère. Il est tout naturel que la première année ces arbres doivent être taillés courts pour pouvoir obtenir une bonne végétation; mais comme à la fin de l'année l'arbre se trouvera entièrement attaché au sol, il est presque impossible qu'il ne fasse pas de progrès, surtout si on lui a donné pendant les chaleurs quelques binages et quelques arrosoirs d'eau, petite opération qui est encore assez importante pour que je donne à ce sujet quelques explications.

Quelques personnes animées du sentiment de bien faire ouvrent la terre au pied de l'arbre et creusent pour faire un bassin dans lequel ils versent l'eau, qui descend le long du tronc et des grosses racines jusqu'à la profondeur du sol; mais le but qu'on se propose n'est qu'imparfaitement rempli. En premier lieu, parce qu'on ne peut ouvrir ainsi la terre sans blesser quelques racines qui, lorsqu'une plantation est bien faite, ne doivent pas être éloignées de la surface; en second lieu, parce que c'est par l'extrémité des racines que la nourriture est pompée par les mamelons ou spongioles et transmise ensuite ou distribuée dans les diverses parties de l'arbre. Ainsi donc l'eau que vous déposez au pied de l'arbre ne fait pas de mal, mais fait peu de bien. Pour qu'un arrosement soit profitable à des arbres déjà forts, voici la manière dont on doit opérer : sur une largeur de 2 mètres autour de l'arbre, on forme un cercle au moyen d'une ratissoire avec laquelle on attire à soi la superficie du sol, non celle du centre, mais bien celle de l'extérieur du cercle; on forme de cette terre une arête de 15 centimètres environ d'élévation, on garnit l'intérieur de ce petit espace de paillis aux deux tiers consommés ou de mousses qu'on répand sur la surface, puis on verse abondamment l'eau, qui pénètre également dans toute l'étendue du cercle. On peut être assuré ainsi que les racines en général seront rafraîchies pour une quinzaine de jours; en outre, le paillis étant collé pour ainsi dire sur le terrain, empêche le soleil de dessécher le sol jusqu'à un nouvel arrosage : plus il fait chaud et plus les arbres poussent, plus leurs feuilles sont vertes et larges. On conçoit que pour de jeunes plants de l'année ou de deux ans le cercle n'a pas besoin d'être aussi large et qu'il doit être proportionné à l'étendue présumée des racines.

Plusieurs écrivains conseillent, aussitôt qu'une plantation de jeunes pêchers est terminée, de mettre en avant du pied de l'arbre une tuile ou une petite planche, afin de les défendre contre l'ardeur du soleil; je ne sais si ce soin est bien nécessaire, car le pêcher étant un arbre des pays chauds, il doit pouvoir supporter sans aucun danger la chaleur du climat de Paris; mais ce que j'ai souvent remarqué, ce sont les impressions du froid causés par le séjour du verglas, de la neige, sur les branches. Les anciens ont toujours cru, et beaucoup de praticiens croient encore que le soleil brûle la surface des branches charpentières des pêchers; j'ai vu des jardins où, pour éviter un semblable malheur, on couvrait les arbres avec de la paille longue attachée avec des osiers. Ce procédé, quoique exécuté d'une manière fort intelligente, donnait un aspect assez bizarre aux pêchers, surtout en hiver, lorsque la chute des feuilles avait eu lieu. Cette manière de préserver ainsi les pêchers contre la chaleur peut, d'un autre côté, rendre un très-grand service en les préservant du froid. Ce fut après l'année 1788 que l'on imagina de préserver ainsi les arbres, et on continua de même pendant plusieurs années; mais en 1795, les pêchers ayant encore beaucoup souffert, on finit par abandonner ce procédé. Cependant, à mon avis, s'il n'était pas utile contre la chaleur, il pouvait l'être contre le froid; mais il avait en lui-même un grand inconvénient, c'était de donner retraite à une infinité d'insectes qui se logeaient et se multipliaient sous la paille, et entre autres aux perce-oreilles et aux limaces. Comme lorsque des pêchers sont malades on va toujours chercher la maladie où elle n'est pas, on a imaginé de badigeonner les branches charpentières avec de la chaux éteinte. Ce nouveau préservatif était pire que la maladie elle-même, puisque les pores par où l'arbre avait l'habitude de respirer se trouvaient bouchés. Ce procédé n'eut encore aucun succès, et on finit par arracher les pauvres pêchers sans avoir eu la satisfaction de les soulager dans leurs souffrances.

Le meilleur remède à apporter à un pêcher souffrant, c'est de lui procurer la faculté de pouvoir donner un libre développement à ses racines, car c'est presque toujours dans celles-ci que gît le germe de la maladie. Si un pêcher prend une teinte jaune, s'il cesse de donner de belles pousses, il est probable que ses racines ne trouvent plus à s'étendre, qu'elles rencontrent un sol dur où elles souffrent de la sécheresse. On a beau mettre du fumier au pied, labourer, arroser la surface du sol, tout cela ne peut le guérir; il faut aller à la source du mal, fouiller, approcher le plus près possible des racines, ôter les pierres et le tuf s'il y en a, rapporter près des racines de bonne terre bien substantielle; alors on s'apercevra bientôt que l'arbre prendra une meilleure physionomie.

Ce qui occasionne la destruction des branches charpentières par la gelée, c'est le séjour trop prolongé des neiges, givres, verglas, sur ces même branches. Comme elles se trouvent toujours inclinées dans les éventails, et obliques dans les autres systèmes, les neiges se fondent en partie dans la journée et regèlent le soir, des pluies abondantes qui gèlent si le temps devient clair, des givres qui forment verglas et qui durent sept à huit jours de suite, voilà la cause des dommages qu'on remarque sur les branches charpentières, dommages qui arrivent souvent au point que la moitié de leur circonférence se carie, finit par se décomposer à la manière des saules. On pourrait éviter cet inconvénient si l'on voulait se donner la peine de faire tomber la neige avec un plumeau ou un petit balai de bruyère, avec la précaution toutefois de ne pas endommager les gemmes des bourgeons à fruits; quand la neige n'est pas fixée à l'écorce il suffit même de frapper légèrement avec la main sur le treillage pour la faire tomber.

On me demandera peut-être pourquoi je donne 2 mètres à 2m.50 de largeur à une plate-bande d'espalier; c'est parce que je veux que les arbres une fois mis en place, ne soient pas tourmentés par les labours réitérés qu'on donne souvent pour la culture des légumes. Cette plate-bande sera tout simplement l'allée de ceinture de promenade et de service, allée qui sera toujours tenue très-propre, et il n'y aura pas quantité de plantes légumières pour absorber l'air et l'humidité au préjudice des arbres, et servant ordinairement de refuge, de moyen de multiplication aux insectes qui partent de là pour dévorer les feuilles, les fleurs et les fruits. Les limaces ne seront pas tentées de faire une si longue route pour venir pâturer, parce qu'il est à croire qu'un jardinier soigneux les appréhendera au passage et que, s'il en arrive quelques-unes, il sera plus facile de les chercher et de les détruire.

Pour fermer l'espalier on peut, selon le goût ou la volonté du propriétaire, planter un treillage de la hauteur de 1m.30 seulement, le garnir par une plantation de poiriers greffés sur coignassier, ou par des vignes qui réussiraient également bien. Si le propriétaire voulait éviter la dépense du treillage, on pourrait planter à 1 mètre les uns des autres une ligne de pommiers paradis de l'espèce calville blanc et reinette de Canada, qui prospéreraient d'autant mieux qu'ils se trouveraient abrités par la muraille. Une plantation de ce genre a l'avantage de donner des fruits quand les plein-vents manquent de toute part à cause des gelées tardives ou de toute autre cause.

Mais dans le cas où le propriétaire se déciderait pour un treillage, on pourrait former un double espalier en plantant des deux côtés de ce treillage. Les jeunes poiriers devront être choisis en pousse de l'année et plantés à la distance de 6 mètres, et afin que les racines ne se gênent pas, on plantera les individus d'une ligne entre ceux de l'autre. Ils seront rabattus ou taillés à 24 ou 25 centimètres de l'insertion de la greffe, afin de pouvoir obtenir seulement deux bons rameaux et leur donner à l'avenir une forme gracieuse et raisonnée; comme le treillage est et doit être fixé à des poteaux qui se trouvent à des distances voulues et égales entre elles, on pourrait, pour donner une sorte d'agrément à cette promenade, ajouter et planter à chaque poteau un rosier greffé sur églantier; ce rosier serait fixé au poteau avec des osiers, pour le préserver contre l'effort du vent, et sa tête seulement dépasserait la hauteur du poteau, ce qui, je crois, formerait un coup d'œil assez agréable. La plantation achevée on sablerait l'allée et tout serait terminé; les pêchers pouvant étendre leurs racines à volonté et leurs branches recevant toutes les influences de la lumière, ne pourraient manquer de prospérer. C'est seulement à cette condition qu'on peut espérer avoir des arbres d'une brillante santé et d'une végétation vigoureuse.

Tous les auteurs et amateurs qui ont écrit sur la culture du pêcher recommandent essentiellement les abris et les couvertures, afin de les préserver des gelées printanières qui détruisent quelquefois les récoltes de la plus belle apparence. M. le comte Lelieur, de Ville-sur-Arce, appuie et conseille avec raison une forte saillie aux chaperons des murs ou des auvents d'une grande largeur. Cette disposition est certainement une des meilleures pour éloigner et empêcher l'eau de tomber sur les fleurs et de s'y convertir en glace, mais on aura toujours beaucoup de difficultés pour éviter les égouts des chaperons, qui ne peuvent rejeter les eaux assez loin, le moindre vent poussant les larmes sur les branches, et même en plus grande quantité que s'ils étaient très-étroits. Il est évident que ce larmier ayant une plus grande surface, doit produire davantage d'eau, puisqu'il la reçoit en plus grande abondance, et que cette eau, en tombant dans toute la longueur de l'espalier, donne lieu à des éclaboussures considérables qui salissent les branches, les feuilles et les fruits situés dans les parties inférieures des pêchers. Un larmier, pour être de quelque utilité, ne peut avoir moins de 15 centimètres de saillie; j'en vois dans plusieurs endroits de 25 centimètres et même de 30. Cette disposition est très-jolie en apparence, mais en voulant éviter un inconvénient on retombe dans un autre; car pour éloigner la neige, les pluies froides, etc., vous privez vos arbres du bienfait des pluies chaudes et des autres influences qui en été ne peuvent plus venir rafraîchir ni nourrir les feuilles et les fruits. Si l'on considère d'un côté l'utilité, et de l'autre la privation, je crois qu'on reconnaîtra qu'il vaudrait mieux qu'il n'existât pas de larmier.

Quelques propriétaires, curieux de leurs pêchers, font établir au haut de leurs murs d'espaliers, des auvents de 30 centimètres de largeur, d'autres de 45 centimètres, en planches de sapin, les uns peints en noir, les autres enduits de goudron. Ces auvents ont plus ou moins de pente et forment par conséquent un angle très-prononcé avec le haut de la muraille; mais la partie ombragée par eux reste tout à fait nue dans toute la longueur de l'espalier, sur une largeur de 45 à 50 centimètres, et est alors tout à fait perdue pour le propriétaire. Cette partie de mur ainsi couverte par les auvents étant privée d'air, de soleil, et surtout des rosées si utiles à la végétation, est tout à fait dégarnie, et le petit nombre de bourgeons qui l'avoisinent sont maigres et comme desséchés, les feuilles plissées et d'une consistance peu solide, enfin c'est la nature souffrante.

Les auvents sont encore plus nuisibles que les larmiers, parce que les planches dont ils sont construits s'échauffent sous l'influence de l'ardeur du soleil et produisent une aridité extraordinaire à l'extrémité supérieure des pêchers; pour que les auvents soient utiles il faudrait qu'ils fussent mobiles, afin de pouvoir les mettre en place lorsque la taille est terminée et que les arbres sont près de fleurir, et les enlever aussitôt que le danger est passé, c'est-à-dire vers le premier mai: ce n'est qu'à cette condition que les auvents peuvent être de quelque utilité.

Le pêcher, comme tous les végétaux, aime l'air et la lumière pour prendre tout le développement dont il est dans ses dimensions relatives, susceptible. Il faut qu'il puisse profiter de toutes les heureuses influences répandues dans l'atmosphère. Le pêcher qui peut jouir de ces avantages est toujours plus rustique, d'une santé plus florissante, et donnera toujours des fruits mieux nourris, plus gros, plus colorés que celui qui aura été enfermé sous des auvents ou autres couvertures où il aura été privé d'air trop longtemps.

On peut m'objecter avec raison qu'il est possible d'atténuer l'effet des éclaboussures causées par la chute des eaux en répandant, comme à Montreuil, des fumiers sur le terrain. La chose est praticable à Montreuil, quoiqu'elle ne soit pas utile; mais dans les jardins de riches propriétaires on ne doit pas être exposé à respirer de mauvaises exhalaisons, ni rien voir de désagréable à l'œil; il faut que l'agréable soit joint à l'utile. Si on y emploie des fumiers, c'est seulement au potager qu'ils doivent être portés, et si j'avais quelque chose à répandre pour atténuer l'effet des eaux, ce serait de la mousse, parce que non-seulement elle n'exhale aucune mauvaise odeur, mais en outre parce que j'ai remarqué que les perce-oreilles, ennemis des pêchers, ne se réfugient jamais dans ce végétal. Cet insecte ne se plaît que parmi les matières succulentes en état de décomposition. A la rigueur je n'admettrais les auvents au-dessus des espaliers qu'à la condition qu'ils soient enlevés aussitôt l'arrivée de la belle saison; et si j'avais des murs pour espaliers à construire, je supprimerais les larmiers, afin que mes arbres puissent, comme en plein vent, jouir des bienfaits de l'air. Seulement, au lieu de chaperon, je voudrais que le dessus de la muraille fût construit en forme de gouttière mastiquée à laquelle on donnerait une pente bien légère prise à la moitié de la muraille, et qui conduirait les eaux à chaque bout du mur.

Si mes murs étaient construits pour palisser à la loque, il ne me serait pas difficile d'enfoncer de mètre en mètre de petites fiches de fer sur le haut du mur, et avec une simple toile fixée par le bas à des piquets, je pourrais garantir mes arbres des gelées printanières; mais cette toile je ne la tendrais que dans les cas de froids bien décidés, car elle serait déployée en peu de temps et retirée de même.

Je pense qu'en général l'on se crée à plaisir des fantômes relativement à la culture des pêchers et aux soins qu'il convient de leur donner. Je crois qu'il est moins gelable que l'amandier, sur lequel nous le greffons. L'année 1848 a été certainement bien fatale à tous les arbres de la famille des rosacées, qui ont beaucoup souffert; les cerisiers d'Angleterre, les abricotiers, les pruniers, les pêchers de plein vent, ont été plus ou moins maltraités: deux amandiers à coque tendre, qui avaient parfaitement fleuri, n'ont retenu aucun fruit, tandis qu'un pêcher de noyau, à quelque distance de ces amandiers, a eu beaucoup plus de fruits que de feuilles, et je connais aussi un brugnon, planté tout à fait à l'exposition du nord, qui a retenu une quantité considérable de fruits.

J'ai remarqué il y a bien longtemps que le pêcher gelait bien moins que l'abricotier ; le calice qui enveloppe le fruit du pêcher est d'une consistance beaucoup plus solide que celle de l'abricotier. Quand le pêcher a souffert par un été sec, il ne peut quelquefois pas nourrir suffisamment ses rameaux pour que les boutons à fleurs soient parfaitement constitués, de manière que quand les arbres entrent en fleurs beaucoup d'entre elles se trouvent stériles et tombent bientôt ; les jardiniers qui les observent disent tout naturellement que les fleurs ont été gelées l'hiver et que l'aiguille (le pistil) est noire. S'ils avaient quelques notions de botanique, ils s'apercevraient facilement que ces fleurs ne contiennent ni étamines, ni ovaires ; ce sont des fleurs incomplètes, et par conséquent stériles, n'étant composées que du calice et des pétales.

Si le mur dont je viens de parler était construit pour recevoir seulement un treillage, il suffirait que les montants dépassassent les traverses du haut d'environ 5 centimètres, pour qu'on pût accrocher facilement la toile au moyen de cordons solidement cousus à la bordure de la toile et à la distance les uns des autres d'environ 1 mètre. On conçoit qu'il n'est pas difficile de déployer et tendre une toile ainsi établie, et avec une semblable couverture on éviterait les embarras des potences scellées à la manière de Montreuil, les paillassons et autres couvertures embarrassantes et dispendieuses, car ces rangées de potences fixées dans le haut des murs des Montreuillois ne laissent pas que de coûter et d'offrir un fort mauvais coup d'œil. A l'époque où nous sommes il ne doit exister rien de semblable dans les jardins des riches propriétaires. J'ai toujours observé que les procédés les plus simples sont presque toujours les meilleurs. Or une toile ainsi confectionnée peut encore, après avoir abrité les pêchers, être employée très-utilement à ombrager les serres et les châssis de couches s'il y en a ; autrement on la ploie, on la serre, et elle occupe beaucoup moins de place que les paillassons, qui exigent un hangar pour les loger. Un jardinier actif et vigilant peut encore s'en servir utilement lorsqu'il voit venir un orage ; après avoir préservé les pêches de la gelée, il peut encore les préserver d'une grêle en la déployant et la plaçant simplement au devant des arbres. La chute des grêlons étant amortie par cette toile, ceux-ci ne peuvent plus faire de tort aux pêches.

Il est une autre manière de couvrir les pêchers qui peut convenir aux personnes qui ne veulent pas faire de dépense, c'est de se munir de fortes branches de genêts bien garnies de brindilles. Pour que ces branches soient d'un emploi facile et qu'elles couvrent bien, il faudrait qu'elles aient été coupées vers le mois de septembre et mises en tas une à une, en les chargeant d'objets pesants et lourds pour les aplatir, et les laissant ainsi dans un hangar ou autre lieu qui ne soit pas trop exposé à recevoir de l'humidité. Lorsqu'on voudra s'en servir, elles seront toutes disposées en éventail, et en cet état on les placera au haut du mur d'espalier, en introduisant le gros bout de la branche entre la dernière traverse du haut du treillage et la muraille ; fixées de cette manière, elles formeront un abri assez solide qui pourra se maintenir ainsi sans qu'on ait à s'en inquiéter ; s'il tombe de la neige, elle reste sur les genêts ou elle coule à terre, les branches la rejetant au loin ; s'il pleut, la plus grande partie de l'eau est également éloignée. L'air circule librement sous cet abri, que l'on fait disparaître après le danger passé, en remettant en pile les genêts dans un endroit sec, pour s'en servir de même l'année suivante.

Un jardinier n'est pas toujours placé chez des propriétaires qui veulent faire les dépenses convenables pour préserver leurs pêchers, et comme tous ces préservatifs entraînent toujours une perte de temps et une foule d'embarras, c'est au jardinier à chercher dans les propres ressources de son intelligence le procédé le plus simple et qui soit le plus expéditif.

De 1805 à 1811 j'étais jardinier dans la propriété du duc de Valmy, à Fontanes, près Ermenonville. Les murs des jardins n'étaient pas chaperonnés, mais cela n'empêchait pas que les pêchers, quoique en mauvais état, n'annonçassent assez de vigueur et de santé. On n'avait pas l'usage de couvrir les pêchers, je ne voulais pas importuner un général au milieu de ses triomphes pour lui demander qu'on fît ce qui était nécessaire ; mais je remarquai dans un marais qui dépendait du domaine une grande quantité de plantes que l'on nomme vulgairement ruban d'eau (*sparganium erectum*), ainsi que la laîche pendante (*carex pendula*); j'en fis couper une bonne quantité dont la longueur des feuilles n'avait pas moins de 1^{m},30; on laissa sécher, puis on lia en bottes. Au printemps je plaçai moi-même par poignées toutes ces longues feuilles entre le mur et la dernière traverse des treillages. Ces feuilles séchées, d'une grande légèreté, pendaient en avant, éloignaient les neiges, les pluies, etc., et préservaient ainsi les arbres de la gelée : lorsqu'il faisait un peu de soleil il échauffait ces plantes sèches, qui à leur tour répandaient une douce température sur le reste de la surface des arbres. Aussitôt que les jours de danger étaient écoulés, je faisais disparaître le tout sans avoir fait aucun frais de couverture.

Il y a des plantations de pêchers, sous le climat de Paris, où ceux-ci sont placés dans des expositions si heureuses qu'ils n'ont jamais besoin d'être préservés; on n'y pense même pas, et cependant ils produisent toutes les années; mais ce sont des expositions très-aérées; telles sont Bagneux, Meudon et quelques villages de la vallée de Montmorenci, par exemple, Aubonne, Marjenci, Andilly, Saint-Prix : les pêchers y donnent en abondance. La gelée est beaucoup moins à redouter dans les expositions vastes et élevées que dans celles un peu basses et resserrées. Dans les expositions élevées et le long des grands murs, l'air circule toujours librement, il est beaucoup plus sec, plus mobile, parce qu'il ne rencontre aucun obstacle, aussi il ne gèle pas; tandis que dans les jardins resserrés, lorsqu'il s'établit un courant d'air, celui-ci est aussitôt arrêté; les vapeurs dont il est chargé se condensent, se déposent sur les murs, se fixent sur les végétaux et les saisissent au point d'altérer leur santé.

Chaville est un village de Seine-et-Oise situé seulement à trois quarts d'heure de chemin de Meudon; or je sais par expérience qu'il gèle à deux degrés à Chaville, tandis qu'il ne gèle pas du tout à Meudon. A Chaville les dahlias gèlent toujours trois semaines plus tôt qu'à Meudon.

Il est encore une plante qui peut servir fort bien à couvrir les pêchers, c'est la grande fougère commune (*pteris aquilina*), mais pour qu'elle fasse un bon effet il faut qu'elle soit coupée vers le mois d'août et rangée sous un hangar en plaçant les tiges les unes sur les autres, afin de les aplatir et qu'elles forment bien l'éventail. Quand vient la saison de placer les couvertures on en introduit trois ou quatre tiges de place en place entre la dernière traverse et la muraille, pour former un auvent qui couvre d'autant mieux que la fougère est plus longue. Je connais plusieurs cantons où cette fougère s'élève à 2 mètres, et peut par conséquent former une bonne couverture. Je conseille de la couper vers le mois d'août, parce que dans cette saison elle est encore tendre et que, séchée dans cet état, elle conserve une mollesse qui donne plus de facilité pour l'employer et lui donner la forme en éventail, qu'elle conserve mieux que si on attendait qu'elle soit tout à fait adulte. Une autre espèce de fougère qui s'élève au moins aussi haut que celle-ci peut aussi remplir le même but; c'est la fougère royale, connue sous le nom d'*osmunda regalis*, dont on trouve une grande quantité dans les forêts de Senlis et de Montmorenci.

Dans ces dernières années j'ai vu vendre beaucoup de pêchers nains pour les villes de Saint-Germain, Mantes, Meulan et villages environnants. Ces pêchers étaient destinés à faire des tiges pour plein-vent. C'est un nouveau moyen qu'on emploie pour avoir des fruits de belle qualité. Je pense que cette nouvelle méthode constitue une amélioration apportée dans la culture de ces pays, qui, comme ailleurs, se contentaient de ces pêchers nommés *pêchers de vigne*, dont la plupart ne valent pas la peine qu'on s'en occupe. D'ailleurs beaucoup de ces pêches ont la chair très-adhérente au noyau, ce qui pourrait faire supposer que ces fruits, anciennement cultivés, proviennent de noyaux de pavies apportés du Midi. Car parmi nos pêchers duveteuses que nous obtenons de semences, il ne s'en trouve point dont la chair soit bien adhérente au noyau. Ces jeunes pêchers mis en place ne doivent pas être rabattus, comme on est dans l'usage de le faire pour espaliers ou pour vases; et comme ils sont naturellement garnis dans toute leur longueur de faux bourgeons qu'on nomme aussi bourgeons anticipés, il faut bien se garder, si l'on veut former un arbre qui ait du corps, de retrancher ces bourgeons raz de la tige, ainsi que cela se pratique quelquefois, mais les couper tous en manière de crochet et au-dessus du premier œil, ou quelquefois des deux premiers yeux; car assez souvent ces sortes de bourgeons produisent deux yeux opposés, accompagnés de boutons à fleurs, mais qui sont la plupart stériles. On supprimera donc ainsi tous les bourgeons, et on conservera soigneusement l'œil terminal, qui doit continuer la tige jusqu'à la hauteur que l'on se propose d'atteindre ; car dans le pêcher, comme dans les autres arbres fruitiers, il ne peut y avoir de hauteur fixée, cela dépend absolument du goût et de la volonté du cultivateur. Quant au pêcher, je pense que plus la tige est basse et plus il y a d'avantage pour le cultivateur. En effet, le pêcher devant pour prospérer être soumis à la taille, il est plus rationnel d'apporter des soins à une tige de moyenne hauteur qu'à une très-haute.

Aussitôt que la pousse de l'œil terminal sera arrivée à la hauteur qu'on s'est proposé, elle devra être pincée afin de lui faire une tête au moyen des bourgeons qui se développeront incessamment et auxquels il ne sera pas difficile de faire prendre telle forme qu'on voudra. Quant aux bourgeons qui auront poussé le long de la tige, ils seront tous réduits ou pincés à deux yeux au-dessus de la taille aussitôt qu'ils auront acquis environ 30 centimètres de long, afin qu'ils ne consomment pas une trop grande quantité de sève au préjudice du haut de la tige. La deuxième année on supprimera pendant l'été les plus forts pour ne conserver que les plus faibles, qui suffiront pour maintenir l'équilibre de la sève et favoriser le développement du périmètre de la tige, et enfin, à l'automne de la deuxième année, on pourra nettoyer la tige entièrement.

III. DIRECTION ET ÉDUCATION DU PÊCHER EN ESPALIER.

Quand une plantation de jeunes pêchers a été bien faite, il faudrait des circonstances bien extraordinaires pour qu'elle ne réussît pas. Si les jeunes arbres ont été mis en place en novembre et rabattus au moment de la plantation, ils auront déjà poussé des racines neuves lorsque arrivera le printemps. La partie de la greffe taillée, suivant l'usage, doit être entourée d'yeux ou gemmes qui déjà se développent pour donner naissance aux bourgeons, parmi lesquels le jardinier doit choisir ceux qui lui conviendront pour former la charpente ou les mères branches de ses arbres, quelle que soit d'ailleurs la forme particulière qu'il lui conviendra d'adopter. On ne manque pas d'exellentes figures inventées ou perfectionnées par divers auteurs qui peuvent être d'une très-grande utilité lorsqu'on veut former des espaliers parfaitement réguliers. Quoique le pêcher ait été regardé pendant longtemps comme un arbre fougueux et difficile à gouverner, il n'en est pas moins vrai qu'on est parvenu à prouver qu'avec de l'activité, des soins, du goût et de l'intelligence, on en peut faire un arbre très-docile à la main qui le conduit, mais véritablement il faut y apporter de la bonne volonté et avoir une passion décidée pour la culture du pêcher; car cet arbre, à le bien considérer, réclame des soins presque journaliers. Ces soins, il est vrai, ne sont pas difficiles à donner, mais ils sont indispensables et utiles.

Si un jardinier est quelque temps et surtout en été sans visiter ses pêchers, il trouvera qu'il s'y est opéré de grands changements. L'activité de la végétation y sera telle qu'il ne pourra s'empêcher de la réprimer. Ainsi un jeune arbre, après avoir été planté en novembre, il n'y a rien à lui faire avant le premier mouvement de la sève; mais aussitôt que les gemmes se développeront, il devra dès lors être l'objet de l'attention du jardinier qui, probablement, supprimera avec la pointe de la serpette ou avec un greffoir, les yeux développés devant et derrière la tige, il laissera pousser ceux des deux côtés en pleine liberté. Au bout de quelque temps, il en choisira deux parmi ceux les mieux placés en face l'un de l'autre et les plus vigoureux, il réformera les autres, mais au lieu de les couper ras de l'écorce comme beaucoup ont l'habitude de le faire, il les coupera au-dessus de deux feuilles ou à deux yeux comme on dit ordinairement. Ces jeunes bourgeons ainsi taillés ne manquant pas de repousser, aident à attirer la sève, à la conduire dans les deux bourgeons conservés, font prendre de la force à la petite tige, en même temps que leurs quelques feuilles l'abritent des rayons du soleil en l'ombrageant légèrement. Les deux bourgeons conservés seront palissés, soit au treillage, soit à la loque avec des clous ou bien sur des baguettes bien droites placées convenablement. En palissant les bougeons on aura soin de leur donner de suite l'ouverture du V selon la forme plus ou moins ouverte qu'on voudra qu'ils affectent, car les fibres du bois ayant pris leur direction, il ne sera plus nécessaire de les baisser ou de les remonter, et ils doivent rester fixés, à moins de circonstances extraordinaires et fort rares.

J'ai toujours remarqué que lorsqu'on voulait donner davantage d'ouverture aux branches qui composent la charpente, ou pour mieux dire, aux deux branches principales, il survient une pression en dessus à l'endroit de la courbure et une contraction en dessous qui doivent singulièrement affecter et fatiguer les fibres du bois, et en même temps gêner la circulation de la sève pendant quelque temps.

Les deux bourgeons étant ainsi fixés il est probable que quelques yeux ouvriront et pousseront en dedans comme en dehors des branches. Ceux de devant et de derrière seront supprimés, non au ras de l'écorce, mais au-dessus de la feuille ou des feuilles qui les accompagnent, car celles-ci sont souvent au nombre de deux ou davantage comme dans l'espèce nommée *Madeleine de Courson*. Ainsi conservées, ces feuilles aident à nourrir les branches et à attirer la sève en même temps qu'elles abritent le corps des branches de l'ardeur du soleil. Les bourgeons anticipés ou faux bougeons du dedans et du dehors des rameaux principaux seront palissés soigneusement : ceux de côté en dessous seront relevés autant que possible et placés dans la direction parallèle au bourgeon principal; ceux du dedans, qui ont toujours une tendance particulière à pousser verticalement seront abaissés dans la direction de ce même bourgeon principal.

Parmi ces faux bourgeons il serait possible que ceux du dedans soient disposés à prendre plus de force que ceux du dehors : dans ce cas ils devront être pincés au-dessus de leur premier œil en ayant soin de conserver toujours la feuille qui l'accompagne. Cette petite opération contribue déjà à contrarier la sève et à la faire refluer dans les yeux de dessous et à prédisposer ceux-ci à donner des bourgeons mieux nourris. Lorsque le moment de la taille sera arrivé, si pendant l'été un des deux bourgeons principaux paraissait ne pas pousser aussi vigoureusement que l'autre, il faudrait le fixer légèrement à une baguette un peu éloignée du mur et laisser l'autre attaché au treillage. La sève trouvant plus de facilité se dirigera dans le plus faible attaché ainsi verticalement et lui donnera plus de vigueur. Si par excès de force vitale il s'était développé quelque bourgeon anticipé dans la partie inférieure qui avoisine la greffe en dehors, quoique absolument inutile pour le moment, on devra le conserver précieusement, parce que comme après la taille il sortira dans cette partie un bourgeon destiné à devenir une des branches secondaires inférieures, la sève ayant déjà établi son couloir, circulera déjà plus librement et concourra davantage au développement de cette branche.

La taille devra commencer aussitôt que les grands froids seront passés et avant le premier mouvement de la sève. On taillera chacun des deux bourgeons principaux à la longueur d'environ 15 à 20 centim. suivant que les yeux terminaux se trouveront avantageusement placés, car il est à désirer de pouvoir asseoir la taille sur un œil placé en avant, mais comme il ne s'en rencontre pas toujours, il faut au moins tâcher que la coupe se trouve près d'un œil de dessous, parce qu'il est plus facile de ramener un bourgeon de dessous à la ligne directe que de faire obéir celui de dessus en voulant le faire baisser.

Des deux ou trois yeux les plus rapprochés de la coupe, il devra sortir de forts bourgeons, dont le plus élevé, et ordinairement le plus fort, sera dirigé pour continuer la branche charpentière ; des deux autres on conservera le mieux placé qui sera destiné à former une branche secondaire inférieure, et comme la végétation doit être égale des deux côtés, les bourgeons conservés auront tous quatre la même destination, tous ceux qui se trouveront sur le devant des branches principales seront supprimés à une feuille, ceux qui auront poussé sur les côtés inférieurement seront conservés.

A mesure que les branches charpentières pousseront, elles devront être palissées soigneusement, ébourgeonnées devant et derrière avec l'attention de conserver toujours la feuille qui accompagne le bourgeon supprimé ; les bourgeons qui doivent former les branches secondaires inférieures devront être fixés dans la ligne qu'elles devront occuper, mais ne pas être trop serrés ; au contraire pour leur donner plutôt la facilité de se fortifier on pourra les palisser sur des baguettes placées à une certaine distance de la muraille pour qu'ils puissent végéter librement et attirer une plus grande quantité de sève. Le passage une fois établi, il sera plus facile de les maintenir dans une heureuse végétation.

Ces deux premières branches doivent être l'objet de toute la sollicitude d'un jardinier, car la sève tendant toujours à s'élever verticalement, il s'ensuivrait que les branches inférieures ne recevant pas assez de nourriture périraient en peu de temps si la main du jardinier ne venait à leur secours pour les protéger contre l'envahissement des productions supérieures.

Les auteurs ont donné de très-bonnes et belles figures géométriques, que nous devons nous efforcer d'imiter et même de surpasser, s'il est possible, mais il est plus facile de fabriquer un pêcher au moyen d'un crayon ou d'un pinceau que de le produire en dirigeant la nature. Les arbres que l'on représente comme dirigés selon la méthode de Montreuil sont toujours fort réguliers. Cependant nous savons à quoi nous en tenir sur ce point; les amateurs ou praticiens qui ont voulu traiter leurs arbres d'après la methode des Montreuillois les ont quelquefois surpassés par la manière de distribuer la masse de la sève. Montreuil a eu d'excellents cultivateurs praticiens et en possède encore de nos jours, nous avons connu MM Pepin, Meriel, Mozard, Chevalier, Bauce, la Brette, tous hommes d'un talent supérieur, nous avons profité de leurs leçons comme de leurs erreurs; nous avons été aussi en rapport avec les jardins de Chantilly, de Franconville-sous-Bois, propriété de M. Gerbier, avec ceux de M. Pelletier, à Frépillon, vallée de Montmorency, ceux d'Aubonne, ceux de Praslin, etc., dans tous ces jardins on voyait aussi des pêchers traites par des mains habiles et qui ont quelquefois surpassé la méthode de Montreuil par la grande régularité qu'elles savaient donner à leurs arbres et les beaux fruits qu'elles en obtenaient.

Quelques années après que mon père eut planté les jardins de M. Gerbier à Franconville-sous-Bois, il fut envoyé par son maître à Chantilly porter un panier de pêches au prince de Condé. Celui-ci à la vue de ces beaux produits, adressa la parole à mon père en lui disant qu'il n'était pas possible que M. Gerbier eût d'aussi beaux fruits dans son jardin. Sans se déconcerter mon père invita le prince de Condé à venir s'en assurer par lui-même, ce qu'il fit, et à l'aspect des magnifiques résultats obtenus il ne put s'empêcher de témoigner son admiration. A peu près à la même époque M. Mathieu Molé, grand-père du comte actuel, étant venu visiter M. Gerbier avait amené avec lui son fils M. de Champlatreux; en faisant le tour des espaliers, il rencontra un pêcher d'une si grande étendue et garni de si beaux fruits qu'il resta en extase et se jeta à genoux pour l'admirer.

Les habitants de Montreuil sont en général des jardiniers fort intelligents et très-laborieux, mais malgré toutes les observations qu'on a pu leur faire, ils n'ont jamais voulu consentir à prendre la peine d'obtenir dans la partie inférieure de leurs arbres deux branches à peu près égales en force aux deux mères-branches afin que la partie inférieure du pêcher se trouvât au moins aussi garnie que la partie supérieure. Aussi, dans les courses ou les excursions que nous faisions à Montreuil, tout en admirant leur rare intelligence, nous ne pouvions nous empêcher de les plaindre de la résistance qu'ils apportaient à ne vouloir pas garnir la partie inférieure de leurs arbres. Cependant la pratique et la méthode de Montreuil ont été recommandées par tous les amateurs. L'abbé Roger lui-même l'avait adoptée et la conseillait fort dans son ouvrage sur le jardin potager: nos pères en ont fait usage quoique plusieurs s'aperçussent bien que telle qu'elle était, elle ne réunissait pas toutes les conditions pour former un arbre parfaitement régulier. Un de leurs voisins du nom Testard, jardinier de MM. Roger, au château de la Garenne à Villemomble, depuis 1800 jusqu'en 1828, leur fit voir des arbres qu'il avait élevés d'après leur méthode, mais perfectionnée; il leur prouva que l'on pouvait obtenir des branches inférieures plus vigoureuses que les mères-branches elles-mêmes: quoique l'exemple fût sous leurs yeux, les Montreuillois ne voulurent jamais l'adopter tant la routine jette de profondes racines qu'il est difficile d'extirper.

La difficulté d'obtenir des branches vigoureuses dans la partie inférieure des pêchers a toujours été un écueil pour les cultivateurs qui n'ont pas voulu prendre la peine de se familiariser avec la manière de végéter du pêcher. C'est ce qui a fait dire à quelques plaisants qu'il faudrait tâcher de trouver le moyen de construire des murailles suspendues que l'on puisse hausser à volonté puisque la partie inférieure des murailles ne pouvant jamais être couverte de branches et par conséquent encore moins de fruits ne sert alors à rien.

En 1847, un propriétaire amateur de pêchers, habitant la commune de Meudon, vint me trouver pour que je lui taillasse ses pêchers, qui étaient dans un état fort délabré. Il connaissait beaucoup la théorie de la taille et de la culture du pêcher, mais il m'avouait en même temps que, malgré cela, il ne lui était pas possible d'exécuter rien par lui-même, et, à cette occasion, il m'adressa plusieurs questions, auxquelles je répondis avec assez de clarté pour qu'il pût me comprendre. Il finit donc par me dire qu'il voyait en moi l'homme qui pouvait lui convenir et nous primes jour. Arrivé sur le terrain, je me mis à l'ouvrage. Cet amateur avait fréquenté l'école de M. Lepère à Montreuil et y avait recueilli quelques notions. Il ne me quittait donc pas un seul instant de vue, et à chaque chicot ou rameau que je coupais, il m'interrogeait afin ds savoir le motif pour lequel je supprimais tel rameau et quel en serait le résultat. Les bourgeons de remplacement surtout l'inquiétaient beaucoup, et avec des arbres aussi dénudés, il ne pouvait guère comprendre qu'il percerait des productions capables de regarnir ses arbres. Je lui montrais avec la pointe de ma serpette les rudiments des gemmes qui devaient produire les bourgeons de remplacement, mais il ne s'y fiait qu'à demi. Cependant il m'avoua que je raisonnais et opérais dans les principes de M. Lepère que je n'avais pas l'honneur de connaître. La besogne étant heureusement terminée, il m'engagea à revenir le plus souvent possible visiter ses arbres pour lesquels il avait dépensé beaucoup plus qu'ils ne méritaient; car, à force de vouloir leur faire du bien, il leur avait fait un tort considérable en construisant à grands frais un auvent au-dessus qui ne concourrait pas mal à leur destruction. Comme les pêchers étaient tout à fait dépourvus de bonnes branches dans leur partie inférieure, j'avais planté un peu en avant des tuteurs auxquels j'avais attaché les quelques débris que j'avais ménagés afin d'aider et d'engager la sève à reprendre son cours dans cette partie abandonnée; la glu, la cloque avaient disparues, la végétation était belle, les branches inférieures reprenaient de la vigueur, une d'elles surtout était devenue très-vigoureuse et dépassait en longueur la branche principale ou mère-branche; mais un ami vint le voir, et comme ils examinaient ensemble les progrès de ses arbres, ils furent effrayés de l'énergie de cette branche inférieure, et, se consultant ensemble, s'imaginèrent que sa grande vigueur détruirait ou ferait grand tort à l'arbre: du moins c'était l'opinion émise par l'ami qui, sur ces entrefaites, s'en alla. Le propriétaire vint alors me trouver pour que j'examinasse cette branche que je connaissais mieux que lui et me raconta l'entretien qu'il venait d'avoir avec son ami et les observations plus qu'erronées que celui-ci lui avait faites. J'eus beau dire, il fallut dépalisser et ôter les baguettes sur lesquelles cette malheureuse branche étal palissée avec tant de soin et de prédilection, et la palisser de nouveau le long de la muraille. Cette comédie m'amusa beaucoup et je pus évaluer la somme d'influence que peut avoir un parasite ou piqueur d'assiettes dans la direction d'une maison. Quant à moi ma besogne finissait ce jour-là et je cessai de donner des soins aux espaliers en question.

Les deux branches principales et les deux inférieures ayant été dirigées comme je viens de l'expliquer, si les bourgeons ou quelques-uns d'entre eux voulaient prendre trop d'empire, il faudrait les réduire de suite en les pinçant à deux yeux, et comme ils ne manqueront pas de repousser de suite, lorsque les jeunes pousses auront atteint 15 centimètres de longueur, il faudra se retrancher sur le bourgeon inférieur et pincer encore le même bourgeon à deux yeux. Par ce moyen on contrariera la sève qui sera obligée de refluer dans les bourgeons inférieurs. Toute l'attention du jardinier doit tendre à ce que l'équilibre de la végétation soit parfaitement maintenu; il faut même tâcher que la végétation soit plus abondante dans la partie inférieure que dans la partie supérieure: ainsi il ne faut jamais craindre de pincer ou ébourgeonner dans la partie du centre des mères branches parce que c'est toujours là que la sève se porte en abondance, si elle n'était réprimée sévèrement. Le jardinier doit toujours maintenir la végétation le plus près possible des mères-branches, c'est le moyen d'avoir constamment un arbre bien garni et agréable à l'œil.

Il y a aussi de ces bourgeons qui croissent dans le centre des pêchers et qu'il faut retrancher quatre ou cinq fois pendant le cours d'un été. Si on les laissait se développer à volonté, ils deviendraient ce que beaucoup de personnes connaissent sous le nom assez impropre de *gourmands*. Autrefois les jardiniers laissaient croître ces gourmands puis les supprimaient nettement sur le corps de la branche, ce qui fesait une plaie assez large qui devait cruellement influer sur la santé de l'individu: aujourd'hui nous sommes un peu plus réservés et plus économes. Au lieu de laisser perdre une aussi grande quantité de sève, nous sommes parvenus à l'utiliser au profit des parties inférieures des arbres, seulement le jardinier est obligé d'être actif et vigilant, car le pêcher végète promptement et un bourgeon pincé aujourd'hui est déjà au bout de quinze jours remplacé par un autre de la même taille; c'est le seul moyen de ménager et de maintenir une végétation égale dans toutes les parties de l'arbre.

Tous les auteurs qui parlent du pêcher indiquent le pincement comme une fort bonne opération, mais aucun ne dit positivement comment elle se pratique: on voit dans la première édition de la Quintinie qu'il pratiquait le procédé du pincement, mais seulement sur les fortes branches, comme il les nommait, afin, dit-il, d'en obtenir trois ou quatre. Il pinçait l'extrémité des rameaux avec ses ongles dans la crainte que la lame du couteau ne fît périr le haut de la branche. Nous autres nous ne sommes pas si ambitieux, nous ne pinçons pas les forts bourgeons pour les multiplier, mais bien pour arrêter leur développement démesuré; non pas pour en augmenter le nombre, car nous en avons toujours assez, mais seulement pour tempérer la trop grande vigueur de quelques-unes d'entre elles et éviter d'être obligé de faire de trop larges plaies sur les branches mères et enfin pour convertir un bourgeon à bois en une excellente branche fruitière.

La Quintinie ne se contentait pas seulement de pincer et d'ébourgeonner ses arbres sur la tige, il les ébourgeonnait encore par les racines. Il raconte que quand il avait un arbre qui poussait beaucoup et qui ne donnait pas de fruits, il fouillait au pied et coupait toutes les fortes racines et que par cette opération il obligeait cet arbre à lui donner des fruits. Il paraît que cette doctrine est encore en usage parmi nous, car je connais des individus qui portent le nom de jardiniers et qui en 1844 ont employé ce procédé pour mettre à fruit de très-beaux arbres qui n'en avaient jamais rapporté. Mais ils en ont été pour leur peine et leur honte, car ces mêmes arbres se sont obstinés à ne pas leur donner même une seule fleur et continuent à pousser avec violence comme à l'ordinaire sans s'embarrasser des racines qu'on leur a ôtées. Voilà bien vingt-cinq ans que ces arbres sont en espaliers, s'ils avaient été gouvernés par un jardinier habile, ils eussent payé leur place par la quantité de fruits qu'ils auraient donnés, et par l'étendue peu ordinaire qu'ils auraient couverte de leur feuillage.

Le pincement et l'ébourgeonnement sont deux opérations qui demandent une grande surveillance; tous deux sont destinés à donner à l'arbre la figure et les proportions relatives. Beaucoup de personnes s'occupent et parlent avec un grand intérêt de la taille, mais je ne considère la taille du pêcher et des autres arbres fruitiers et même des arbres forestiers que comme un auxiliaire au reste de leur culture; la preuve c'est que quand on a ébourgeonné on ne peut palisser que ce qu'on a jugé utile de conserver; que quand on a pratiqué l'opération du pincement, on ne peut palisser que les bourgeons qui ont été réservés après avoir réduit ou supprimé tous les autres. Au moment où on exécute la taille le jardinier qui est chargé de l'opération n'éprouve pas d'embarras, il trouve tout préparé; la ligne à suivre est toute tracée, il ne peut s'en écarter. La taille est certainement utile, il faut pour l'exercer un jugement parfaitement libre, une longue expérience, être bien familiarisé physiquement avec les individus des espèces confiées à ses soins; il doit lire dans l'avenir par l'expérience acquise et savoir ce que deviendront les rameaux qui naîtront de la branche qu'il va couper. Il doit entrevoir déjà les divers progrès qui succéderont à son opération, mais malgré cela on pourrait avec le pincement et l'ébourgeonnement avoir des arbres et des fruits d'une grande beauté tandis qu'avec la taille seule il ne serait guère possible d'en obtenir.

Quand on pratique l'opération du pincement, il y a une manière de diriger le bourgeon qui naîtra à la place naturelle qu'il doit occuper; par exemple lorsque je coupe un tendre bourgeon au-dessus de son deuxième œil, si ce bourgeon est placé sur le dessus de la branche mère de droite et que l'œil inférieur se trouve placé du côté du corps de cette mère branche, je sais bien que ces deux yeux doivent pousser. Aussitôt qu'ils ont une longueur de 15 centimètres, je supprime la partie de ce bourgeon avec l'œil et je me retranche sur celui d'en bas qui se dirige tout naturellement du côté de la mère branche. Si par hasard ce bourgeon continue à pousser avec trop de vigueur, je le rabat également autant que possible sur un œil qui soit encore tourné de ce côté de manière que quand je viens pour le palisser au lieu de le courber pour le mettre à la place qu'il doit occuper: je suis obligé de le relever. Lorsque l'opération se fait à gauche, c'est la même chose.

Dans plusieurs ouvrages qui traitent de l'ébourgeonnement et du pincement, on dit d'exécuter ces opérations avec les ongles, et M. de Mirbel lui-même le conseille. Lorsque ce botaniste parle de l'éborgnage que nous nommons nous autres praticiens ébourgeonnage à sec, nous ne croyons pas qu'il soit convenable de nous servir de nos ongles pour pincer ni ébourgeonner : nous avons toujours dans nos poches les outils nécessaires pour enlever les gemmes ou bourgeons des végétaux qui sont capables d'être préjudiables à leur prospérité. M. Beauce-Labrette de (Montreuil), inventeur de l'ébourgeonnement à sec, enlevait fort lestement les yeux des branches fruitières avec la pointe de sa serpette. Cette opération, qui paraît peu de chose, active beaucoup le travail des Montreuillois et ménage une grande quantité de séve au profit des bourgeons futurs ; la suppression de tous ces gemmes dans la saison d'hiver est une grande avance pour l'ébourgeonnement d'été. D'ailleurs ce procédé fort simple en lui-même donne la facilité d'aller chercher des fleurs souvent fort éloignées des branches charpentières.

Notre pêcher ayant été traité suivant les règles que je viens d'expliquer s'il a poussé vigoureusement doit être déjà garni de rameaux à fruits en quantité suffisante ; les deux mères branches doivent parfaitement indiquer la direction future qu'elles auront à suivre ; les deux branches inférieures ont aussi poussé vigoureusement par suite de leur position aérée et doivent également être garnies de jeunes rameaux à fruits. Le jardinier examinera attentivement l'état de son arbre et s'il a suffisamment poussé pour pouvoir obtenir encore deux branches secondaires ou inférieures à 80 centimètres environ au-dessus des deux déjà obtenues. Toutes les petites branches fruitières seront taillées pour fruit suivant leur force relative jusqu'au point convenable pour pouvoir tailler les branches principales près d'un œil favorablement placé. On les fixera de suite au treillage avec de l'osier ou à la muraille avec des clous et des loques de drap. Le jardinier devra avoir soin que la branche ne soit pas trop serrée par le clou, parce que si celui-ci blessait l'écorce de la branche, il s'ensuivrait une plaie gommeuse qui pourrait devenir difficile à guérir. Il faut toujours éviter aux branches du pêcher le contact des corps très-durs. Les bourgeons anticipités ou faux bourgeons seront tous taillés à deux yeux ou même à un seul, s'ils sont faibles ; quant aux deux branches secondaires on les taillera suivant leur force respective, avec les mêmes précautions que les branches principales et sur un œil en dessous s'il est possible, car comme je l'ai dit, il est plus facile de relever un bourgeon que de le courber pour le fixer à la place qu'il doit occuper.

Il est probable qu'au-dessus des branches secondaires il sera sorti un ou plusieurs bourgeons à fruit ; il serait même possible aussi qu'il s'y rencontrât une ou plusieurs productions que les auteurs nomment simplement bouquets ou cochonnets des Montreuillois : ces petits bouquets ne sont composés ordinairement que de boutons à fleurs avec un œil terminal d'où il sort un petit bourgeon qui s'allonge quelquefois de 30 centimètres suivant les circonstances. Les bourgeons à fleurs se taillent à un ou deux yeux pour en obtenir de plus forts l'année suivante ; ceux des bouquets ne se taillent pas du tout, l'œil terminal de ce petit bourgeon étant destiné à attirer la séve et aider à nourrir les fruits qui doivent s'y arrêter. Ce bourgeon se ramifie quelquefois au-dessus du fruit jusqu'au nombre de trois, dans ce cas on pourrait conserver ceux-ci parce qu'ils n'ont jamais plus de 20 à 25 centimètres de long, mais comme ils pourraient peut-être amener la confusion on se retranchera sur celui le plus bas et on le laissera entier ; en cet état il donnera encore des fleurs bien nourries.

J'ai observé aussi que du talon de ce petit bourgeon il sortait quelquefois un œil qui donnait naissance à un autre bourgeon moins grêle que celui-ci, mais bien garni de fleurs dans toute sa longueur et terminé par un œil très-gros dont il se développait en même temps deux ou trois bourgeons l'année suivante. C'est ordinairement sur les madeleines et la petite mignonne que j'ai observé ces sortes de productions qui deviennent d'une grande utilité dans les années peu favorables parce que ces bourgeons se trouvant placés de manière à être abrités par les fortes branches, sont moins exposés à être attaqués par la gomme et la cloque.

Après cette troisième taille on doit

s'attendre à une vigoureuse végétation. Les racines doivent s'être allongées et multipliées, et si on les découvrait on verrait qu'elles sont proportionnées à la longueur relative des branches. C'est pourquoi le jardinier devra surveiller attentivement le premier développement de la végétation en supprimant de bonne heure toutes les productions inutiles du devant et du derrière des rameaux. Il aura bien soin toujours de ménager un bourgeon de remplacement au bas du talon de la branche taillée immédiatement sur la branche mère s'il s'en présente, car il est très-essentiel de maintenir la naissance de ce rameau le plus près possible du corps de la branche mère, afin qu'il ne s'y rencontre jamais de nudité. Tous les jeunes bourgeons qui auront une physionomie et des dispositions à prendre trop d'extension seront pincés de suite à deux feuilles, tant ceux de remplacement que ceux placés à la partie supérieure des rameaux taillés à fruits.

Le centre de l'arbre sera surtout ébourgonné très-sévèrement, car la moindre négligence dans cette partie porterait de suite un grand préjudice à celle inférieure. Si l'on craint, comme le disent les amateurs, que le soleil ne brûle l'écorce des branches principales, le jardinier intelligent choisira dans la partie inférieure quelques bourgeons qu'il contournera adroitement et attachera sur les branches principales ; par ce moyen elles se trouveront abritées sans pour cela être privées des influences bienfaisantes de l'atmosphère.

En même temps ces bourgeons étant ainsi redressés et exposés à l'air libre auront l'avantage de prendre beaucoup de force et en même temps d'appeler la sève en plus grande abondance dans la partie inférieure de l'arbre. Si l'on veut garnir le pied de l'arbre et le préserver, on approche un bourgeon de chacune des branches inférieures et on les palisse sur le pied de l'arbre : le feuillage de ces deux rameaux suffit pour garantir contre les coups de soleil. Par ce procédé fort simple, on évite l'embarras et le coup d'œil désagréable des tuiles ou des bouts de planches plus nuisibles qu'utiles.

L'opération du pincement et de l'ébourgeonnement contribue à tel point à faire refluer la sève dans les parties inférieures des arbres, et surtout du pêcher, qu'il s'y développe assez souvent des bourgeons d'une force et d'une vigueur extraordinaires. Il faut bien se garder de supprimer ces productions ni de les contrarier par le pincement : on doit les conserver et les protéger autant que possible, dût-on les palisser sur les autres. Cet excès de végétation prouve que la sève prend une direction bien décidée dans cette partie de l'arbre et moins elle sera contrariée plus elle y affluera avec facilité. A la taille on réparera le petit désordre et le couloir de la sève n'en sera pas moins bien établi. La sève, surtout dans le pêcher, ressemble assez à un ruisseau à plusieurs embranchements par lesquels le liquide s'écoule : si l'on bouche un de ces embranchements le liquide augmente dans les autres, et si on en établit de nouveau, il diminue d'autant plus que les autres ont plus ou moins de pente.

Après l'ébourgeonnement, le palissage est l'opération la plus pressante comme la plus importante. Aussitôt que les extrémitées des branches principales sont poussées d'environ 45 centimètres, elles seront fixées directement suivant la ligne qu'elles doivent occuper afin que le vent ne puisse les faire éclater ou rompre, et on en fera de meme successivement pour tout le centre et la partie la plus élevée de l'arbre. La partie inférieure devra attendre au moins trois semaines ou même un mois plus tard afin de lui donner le temps de se fortifier davantage. On commencera l'opération par l'extrémité de l'une des mères branches en inclinant le premier bourgeon suivant la direction du bourgeon terminal de cette mère branche, et tous les autres bourgeons seront traités de même avec l'attention de les bien dresser et placer à égale distance l'un de l'autre afin de faire en sorte que les fruits se trouvent toujours ombragés par quelques feuilles pour les défendre contre l'ardeur du soleil. On se gardera bien de croiser un bourgeon sur son voisin sans y être obligé par une nécessité absolue, et ce cas doit être bien rare ou d'attacher ensemble deux bourgeons ou davantage pour avancer la besogne ainsi que cela se pratique à Montreuil, à Bagnolet et ailleurs. On veillera à ce que les feuilles soient toutes à leur aise, pas trop pressées entre elles ni contournées. On passera le jonc avec assez de dextérité pour qu'il ne se trouve aucune feuille engagée dans la ligature. On enlèvera les feuilles jaunes s'il s'en rencontre, et comme le jonc n'est pas assez solide pour attacher les extrémités des branches on devra se munir de jeunes pousses d'osier jaune qui, à cette époque, est très-doux, mais en même temps très-solide pour les maintenir contre l'effort des vents ainsi que pour tous les forts bourgeons que l'on voudrait ménager en réserve.

Lorsqu'on voudra procéder au palissage de la partie inférieure de l'arbre, il faudra également relever chaque bourgeon et le fixer le plus près possible et dans la même direction que le bourgeon terminal. S'il s'en rencontre quelques uns qui soient faibles on les attachera de manière à ce qu'ils soient parfaitement libres ou bien on ne les attachera pas du tout pour qu'ils puissent jouir de la lumière et se fortifier davantage : dans ce cas on les palisserait plus tard. Pour aider la sève et favoriser sa circulation dans les deux branches inférieures, on peut lâcher la ligature qui retient l'extrémité de la taille, planter quelques tuteurs à une certaine distance de la muraille et palisser dessus dans une position un peu verticale. Les bourgeons de l'extrémité de ces deux branches ainsi favorisés, continueront de végéter fortement et se maintiendront au moins égales aux deux mères branches et peut-être les dépasseront en longueur.

Pour que les branches à fruit tout à fait inférieures puissent bien se fortifier, on peut les laisser libres et ne les palisser que fort tard. De cette manière on est toujours certain de maintenir la partie inférieure de l'arbre parfaitement garnie.

Si le jardinier est curieux de ses arbres, il doit les surveiller et les visiter souvent, car dans cette saison la végétation est très-active, et quoi qu'on puisse faire on trouve toujours du jour au lendemain quelque chose à supprimer ou à attacher.

Parmi les faux bourgeons qui ont été taillés, il est possible qu'il soit sorti de leur talon un ou plusieurs petits bourgeons. Si le bourgeon taillé n'a pas tenu de fruit, il est tout naturel de le supprimer au ras du bourgeon qui est au talon afin que celui-ci soit converti en bourgeon de remplacement. Dans ce cas il sera de suite palissé à la place, mais s'il avait retenu du fruit il faudrait pincer celui-ci afin de l'empêcher de prendre trop d'empire et ne le conserver que jusqu'à ce qu'il ait mûri ses fruits, après quoi on le démonte au ras du bourgeon qui doit le remplacer et que l'on palisse à sa place, et si ceux-ci voulaient prendre un peu trop d'empire, il faudrait à leur tour les pincer afin de maintenir l'équilibre dans la végétation.

Il arrive quelquefois qu'un accident comme une tache de gomme ou autre circonstance fortuite fait périr un rameau à fruit et que par sa mort, il reste un vide ; si cette suppression a lieu en dessus d'une branche principale, il faut choisir un moyen bourgeon dans le voisinage, mais dans la partie inférieure, le faire passer sous la branche principale et l'amener en le contournant doucement jusqu'à la place du rameau supprimé et l'y fixer. Ce bourgeon, de faible qu'il était, se trouvant dans une position plus verticale et plus aérée prendra de la force et remplira la place de celui qu'on a perdu jusqu'à ce qu'on ait pu y pourvoir d'une autre manière ou que du talon du rameau supprimé il soit sorti un bourgeon qui le remplacera.

Anciennement et encore aujourd'hui la routine des propriétaires et des jardiniers ignorants avait fixé l'époque du palissage des pêchers vers la fin de juin et le commencement de juillet. Le jardinier dont le palissage n'est pas terminé pour le 15 de ce dernier mois est regardé par le maître comme un négligent. En effet que veut le propriétaire ? beaucoup de beaux fruits, et lorsqu'il se promène jouir de la vue d'un beau rideau de verdure et qu'il n'y ait pas une feuille qui dépasse l'autre. Comme la plupart du temps il n'a pas étudié les principes de l'arboriculture, il est fort étonné de voir un arbre dont la moitié est palissée et l'autre abandonnée, ou bien la partie supérieure palissée et celle du bas laissée libre, ou bien un arbre tout à fait palissé, mais dont quelques bourgeons paraissent détachés et se balancent au plein air ; il fait appeler le pauvre jardinier, on le réprimande, il a beau vouloir se justifier, on ne l'écoute pas.

On a dit et souvent répété que le pêcher ne reperçait pas sur les branches mères ou sur le tronc, mais l'expérience journalière nous apprend que non-seulement il reperce lorsqu'il y est forcé par la suppression des branches, mais qu'il arrive souvent et tout naturellement qu'ils ont des bourgeons sur la partie la plus ancienne et la plus durcie de la vieille écorce. On voit même très-fréquemment naître spontanément au talon des anciennes branches fruitières ou secondaires inférieures des bourgeons parfaitement constitués et qui sont souvent d'une grande utilité pour remplacer certaines branches un peu durcies par l'âge. J'aurais pu montrer dans l'année 1848 plusieurs productions de ce genre que je conservais, quoique je n'en eusse pas du tout besoin, parce qu'il est toujours bon d'avoir la preuve à côté du fait, et que j'ai toujours désiré que les hommes qui écrivent de forts beaux ouvrages d'ailleurs fussent en mesure de donner des preuves des assertions qu'ils avancent. J'ai soigné des pêchers sur lesquels je n'avais aucunement provoqué la sortie de bourgeons et que je conservais précieusement, parce que sortis à travers la vieille écorce, c'était une preuve vivante de la force de la sève envoyée par les racines et qu'avec le pêcher sur amandier il y a toujours des ressources infinies. Le corps du pêcher peut certainement périr par une cause quelconque, mais cela n'empêche pas le sujet amandier de jouir d'une bonne santé, de repousser de son tronc plusieurs jets parmi lesquels on peut avoir de suite un arbre dans la même année.

Si l'on conserve deux jets, on place à la fin d'août ou plus tôt suivant que les jets sont plus ou moins vigoureux un écusson, non pas en avant comme cela se pratique le plus souvent; mais sur le côté, afin que quand les greffes pousseront, on puisse de suite les palisser dans la direction qu'elles doivent occuper : si l'on ne conserve qu'un seul jet, on place également sur le côté deux écussons, afin que lorsqu'ils pousseront, ils se trouvent tout naturellement palissés dans la direction qu'ils doivent occuper. Des greffes ainsi faites peuvent donner dans la même année un arbre parfaitement régulier de 4 mètres d'étendue sur 2 mètres de hauteur et parfaitement garni de branches fruitières pour l'année suivante. C'est, il me semble un avantage assez précieux que de pouvoir obtenir une récolte abondante dès la deuxième année de greffe, et cet avantage, il n'est guère possible de se le procurer en plantant des jeunes arbres. Ce que j'avance ici pourra paraître une erreur aux personnes qui n'ont pas étudié la constitution vigoureuse de l'amandier, sa disposition extraordinaire à végéter avec force surtout quand il est dans un sol naturel où il peut enfoncer ses racines. Le pêcher greffé sur lui meurt, il est vrai, mais si l'on voulait se donner la peine d'observer, on s'apercevrait facilement que malgré la délicatesse de sa nature et de son tempérament, il pourrait vivre un tiers de plus; que la durée de son existence est abrégée par beaucoup d'accidents causés, soit par les injures des saisons, soit par les mauvais soins qu'il reçoit, et qui, le plus souvent, l'attaquent mortellement.

On n'en finirait pas si on voulait rappeler ici tous les genres de persécutions auxquelles se trouvent exposés les pêchers pendant le cours de leur existence. Accablés ainsi de plaies et de mauvais traitements, ils meurent, on les arrache; mais, quoique le pêcher soit mort, l'amandier le plus souvent est vivant; on n'a les yeux que sur le pêcher; mais quand celui-ci est sur le point de mourir, les canaux qui servent à la circulation de la sève se trouvant oblitérés, celle-ci est obligée de se concentrer vers le tronc et de s'ouvrir de nouvelles issues pour former de nouvelles productions. C'est alors qu'il sort de la souche des bourgeons d'amandier que l'on a soin de détruire dans la crainte qu'ils ne nuisent au pêcher; ainsi refoulée une seconde ou troisième fois, cette sève reste concentré: pendant ce temps-là le pêcher achève sa malheureuse carrière et on détruit ainsi un individu qui aurait pu vivre encore et donner de beaux et bons fruits pendant peut-être une vingtaine d'années; car, à bien considérer l'amandier, il est au pêcher ce que l'égrin (*Pirus silvestris*) est aux poiriers, il ne lui cède pas en rusticité et en solidité.

Lorsque je dirigeais le jardin de M. Bourault à Yères, près Brunoi, ce propriétaire avait fait l'acquisition pour s'agrandir de divers petits jardins de particuliers, l'un d'eux entre autres contenait un espalier de pêchers assez considérable, mais en bien mauvais état. La plupart, quoique vigoureux, étaient à moitié vermoulus, l'intérieur des branches principales était tout à fait décomposé : ces arbres vivaient, à la manière des vieux saules, seulement par la partie d'écorce qui avoisinait les murailles, et étaient complétement dénudés de rameaux dans le bas. Ce fut alors que je pris le parti de les receper à peu de distance de la greffe, et qu'il sortit de ces vieilles écorces de jeunes bourgeons d'une vigueur extrême au moyen desquels je rétablis parfaitement ces pêchers qui, dans d'autres circonstances, auraient fait du feu pour chauffer le jardinier. Il est vrai que ce jardin était dans une excellente situation, que le terrain y était de première qualité un peu en pente en plein midi, avec de l'eau distribuée partout. On y voyait en espalier de jeunes pêchers de grosse mignonne et téton de Vénus, qui donnaient des fruits de 30 centimètres de circonférence, et je puis dire que jamais on ne leur mettait aucune couverture. C'est bien là l'exposition la plus avantageuse que j'aie connue de ma vie.

Il arrive quelquefois que l'extrémité d'une branche principale vient à périr tout à coup, soit par un coup de soleil, un éclair ou toute autre cause à laquelle on ne peut s'opposer; il faut de suite la rabattre, ou, en d'autres termes, la rapprocher sur un bourgeon de la partie inférieure qu'on relève et place le mieux possible dans la direction que cette branche occupait; mais si on voulait différer la suppression de cette partie de branche jusqu'au moment de la taille, on pourrait sans inconvénient supprimer, ras de l'écorce, les rameaux qui les garnissent, redresser le bourgeon de remplacement le fixer à la partie de cette branche conservée au moyen de jeunes osiers. Lorsque le moment de la taille sera arrivé, le bourgeon se trouvera déjà tout dressé pour continuer sa destination : alors la séve reprendra son cours habituel et le malheur se trouvera réparé : on supprimera la partie de branche qui aura servi de tuteur le plus près possible et on recouvrira la plaie avec un peu d'onguent à greffer afin qu'elle se cicatrise plus facilement.

Si notre pêcher a retenu des fruits, le jardinier en faisant la revue ôtera quelques feuilles pour leur donner un peu plus d'air et successivement pour qu'ils puissent voir le soleil et acquérir leur couleur brillante naturelle ; il évitera de les dégarnir tout à coup, car il les exposerait à recevoir des coups de soleil qui les déparerait en leur retirant, non-seulement leur coloris, mais les rendrait incapables de paraître sur une table. Il ne suffit pas de produire des pêches, il faut encore employer tous les moyens possibles pour leur faire acquérir toute la saveur, le volume et le coloris que ces fruits doivent avoir. Par exemple, en juillet et août, qui sont les mois où la chaleur est un peu intense le long des espaliers, un jardinier qui est curieux de la prospérité de ses arbres, doit sentir la nécessité de verser autour du pied de ses arbres assez d'eau pour qu'elle puisse parvenir jusqu'aux racines et cela tous les huit jours dans les terres légères et tous les quinze jours dans les terres plus substantielles. Ces arrosements ont l'avantage de maintenir la végétation en bon état et de faire grossir les fruits, d'aider les racines dans leurs fonctions afin qu'elles puissent envoyer la séve nécessaire à la nourriture des rameaux fruitiers qui sont l'espoir de l'année suivante.

Un pêcher ainsi soigné a toujours de larges feuilles d'un beau vert ; ce feuillage est ferme, il supporte facilement l'excès de la chaleur ; ses fruits ne sont pas sujets à quitter l'arbre comme cela se voit fréquemment dans beaucoup de jardins où les jardiniers ont la manie de donner des labours dans les plates-bandes d'espaliers pour y semer une saison des haricots ou autres denrées semblables, sans soupçonner en agissant ainsi qu'ils éventent, coupent, mutilent les racines de leurs malheureux pêchers, qui ainsi maltraités, laissent tomber la plupart de leurs fruits avant d'être à grosseur naturelle. On dit alors que c'est l'effet de la chaleur qui a provoqué cette chute tandis qu'on devrait avouer que c'est la conséquence des mauvais traitements. Rien n'est plus pernicieux et plus nuisible à la prospérité des pêchers que les labours intempestifs donnés aux plates-bandes d'espaliers, et surtout en été. Si un jardinier voulait ou était capable de raisonner avec lui-même, il devrait concevoir que sa bêche a 25 à 30 centimètres de longueur, que dans cette épaisseur de terre il doit nécessairement se trouver des racines; que ces racines correspondent et envoient de la séve aux rameaux et aux fruits; que ceux-ci ne recevant plus de nourriture sont obligés de quitter l'arbre, et que d'autres, qui sont privés d'une partie de celle qui leur serait nécessaire pour acquérir leur grosseur naturelle et leur saveur ne peuvent plus, quoique restant sur l'arbre, donner que des fruits avortés, peu savoureux et incapables d'être admis sur la table d'un homme riche.

Lorsque des arbres sont en bon état et que le jardinier est jaloux d'avoir des fruits bien colorés, il y a pour cela un moyen fort simple que je ne vois pratiquer nulle part : lorsqu'on s'aperçoit qu'il n'y a point ou peu de rosée et que la végétation pourrait en souffrir, on se munit d'arrosoirs, d'une petite échelle double ou d'un marchepied, et vers les dix heures du matin on verse légèrement de l'eau sur toute la surface des pêchers ; le soleil dardant ses rayons sur des fruits ainsi mouillés, les colore d'une manière remarquable, en même temps que l'humidité dont le mur, les treillages et les branches sont imprégnés, contribue et favorise le développement de leur diamètre.

Cet arrosement a encore l'avantage de laver les feuilles, d'entraîner les insectes, de les déloger de leurs retraites où ils se blottissent à l'ombre tout le jour pour aller pâturer pendant la nuit. Les pêchers ainsi soignés prolongent leur végétation au delà du terme des autres, leurs rameaux sont parfaitement nourris, et dès le mois d'août on aperçoit déjà les rudiments des fleurs à l'insersion des feuilles qui sont quelquefois groupées au nombre de cinq ou six ensemble. Dans quelques localités on se sert de petites pompes à main; l'opération peut alors être plus facile pour le jardinier, mais la distribution de l'eau ne peut être faite aussi également qu'avec l'arrosoir à pomme fine, quoique l'embarras de porter une échelle, de la changer souvent de place, puisse dans bien des cas faire accorder la préférence à la pompe. Les seringues à l'usage des serres chaudes peuvent aussi être d'une grande utilité lorsqu'on veut seulement répandre une rosée sur les feuilles. Du reste, dans les jardins où il existe des allées le long des espaliers et où on peut librement circuler, comme chez M. Pelletier à Frépillon, on ne se servait pas du tout d'échelles pour faire la taille ni pour palisser. Comme les allées servant à la promenade longeaient positivement les murs, on avait des espèces de bancs d'une longueur indéterminés sur une largeur de 40 a 45 centimètres, montés sur des roulettes, de manière qu'on pouvait sans beaucoup d'embarras se placer à toutes les hauteurs pour distribuer l'eau à volonté. Dans les grandes sécheresses l'excédant des eaux qui se répandait sur le terrain le long des espaliers, favorisait encore singulièrement la végétation en s'élevant en vapeurs pendant la nuit et en maintenant une douce fraîcheur sur toutes les parties des pêchers.

Quand un jardinier, par un jour de chaleur, a palissé des pêchers, il ne peut leur rendre un meilleur service que de répandre, à la fin de la journée, quelques arrosoirs d'eau sur ces arbres; le palissage dérange toujours la position des feuilles, il en est, malgré la bonne volonté et le soin du jardinier, qu'il ne peut remettre à leur position naturelle. Un bourgeon vertical, qu'on est obligé d'incliner, change la position de toutes les feuilles dont il est chargé, en sorte que quelquefois la partie inférieure regarde le soleil: cela ne coûte pas beaucoup le soir avant de rentrer de répandre ainsi quelques arrosoirs d'eau par-dessus le palissage; la charge de l'eau et la goutte qui reste suspendue à l'extrémité de chaque feuille suffit pour remettre toutes les feuilles à leur place, ce que le jardinier, malgré sa bonne volonté, n'aurait pu faire, car dans un palissage bien ordonné toutes les feuilles doivent être superposées de manière qu'elles présentent toutes leur surface supérieure au soleil.

Ces arrosements ont encore l'avantage de détendre les écorces des vieux arbres, de leur donner de l'élasticité, de leur rendre la souplesse si nécessaire pour que la séve puisse alimenter les branches et circuler plus librement dans toutes les parties de l'arbre : quoique les pêchers aiment la chaleur, ils aiment aussi à être rafraîchis. On peut se faire une idée de la déperdition de séve que supporte un pêcher qui est planté près d'une muraille de 3 à 4 mètres de hauteur et qui reflète les rayons du soleil pendant quinze ou vingt jours de suite et quelquefois bien davantage sans recevoir même de simples rosées pendant la nuit. Il faut que les racines de l'amandier aient une bien grande puissance de succion pour alimenter des arbres de 16 mètres de longueur sur 5 de hauteur, tel qu'il en existait chez M. Plessier, négociant à Pontoise, où ils formaient un tapis de verdure régulier, et où on distinguait à peine les branches charpentières, tant les tailles des branches fruitières étaient rapprochées d'elles.

Si notre pêcher a donné une belle végétation, nous avons obtenu deux branches secondaires inférieures, dont la force doit être égale à celle des deux branches mères par suite de la position favorable qu'on leur avait donnée. La deuxième branche secondaire doit aussi avoir une vigueur remarquable, or il s'agit maintenant d'en obtenir une troisième. Les mères branches doivent avoir poussé de forts rameaux garnis de bourgeons anticipés ou faux bourgeons; les yeux des rameaux doivent être parfaitement constitués, de façon qu'on peut tailler l'extrémité à environ 65 centim. pour obtenir notre troisième branche secondaire inférieure. Il ne serait pas étonnant qu'au lieu d'un œil qui se trouve à l'endroit de la coupe, il se trouvât un faux bourgeon, soit supprimé, soit conservé; dans ce cas, il faudra allonger la coupe à un œil au-dessus, afin d'obtenir un bon bourgeon terminal. Tous les faux bourgeons seront taillés à un ou deux yeux suivant qu'ils seront plus rapprochés les uns des autres, car on en trouve souvent qui sont opposés, accompagnés de boutons à fleur que l'on doit conserver. Toutes les branches fruitières étant préparées par l'ébourgeonnement et le pincement seront taillées suivant leur force et les boutons à fleur se trouveront plus ou moins rapprochés de la naissance ou du talon. Les bourgeons terminaux des deux branches secondaires seront taillés selon leur force de 65 à 80 centimèt., ceux des branches du bas que l'on avait éloignés de la muraillé seront palissés dans une direction un peu horizontale sans les trop serrer sur le treillage, mais quand ces branches pousseront, leur bourgeon terminal devra être ménagé et soutenu par un tuteur contre l'effort du vent, afin que la marche de la sève ne soit pas interrompue, ces branches devant toujours marcher de pair avec les branches mères, en sorte que la taille achevée, la ligne perpendiculaire tombe d'aplomb sur l'extrémité des deux branches secondaires. J'insiste beaucoup sur ce point parce que le défaut des pêchers dans tous les jardins est toujours l'absence de branches dans la partie inférieure, et qu'on ne saurait prendre trop de précautions pour éviter cet inconvénient.

Quant au centre de notre arbre, il n'est pas difficile de le tailler, puisqu'il a été sévèrement ébourgeonné et pincé en temps opportun. Tout étant ainsi préparé, on peut le charger un peu à fruit; car, cette année, la sève sera abondante, et c'est bien le moins qu'il paye la place qu'il occupe; mais si c'était par hasard une espèce telle que le teton de Vénus, j'allongerais volontiers la taille de certains rameaux, afin d'obtenir davantage de fleurs, dont cette espèce est toujours assez avare; car, enfin, il faut du fruit, et quand un propriétaire a fait des dépenses, il est juste qu'il en reçoive l'intérêt.

Je dirige actuellement des pêchers au val de Meudon, où les branches inférieures excèdent en longueur les principales; je suis obligé, n'ayant plus de place sur le treillage, de planter des échalas ou tuteurs et d'attacher verticalement les branches dont plusieurs sont munies de fruits assez bien nourris.

Au domaine de M. le duc de Valmy, à Fontaine, près Ermenonville, j'avais des pêchers qui végétaient avec une telle force que je commençais à en être embarrassé et gêné par ceux voisins. Je pris alors le parti de laisser une branche secondaire de chaque côté de l'arbre sans les tailler; de cette manière, il nouait une quantité de beaux fruits qui consommaient une partie de la sève. Je maintenais ces branches par un ébourgeonnement sévère dans la limite qu'elles occupaient; je ménageais seulement un bourgeon près du talon de la branche, et, après le fruit récolté, je supprimais cette branche qui se trouvait aussitôt remplacée. On peut faire la même chose avec un bourgeon vigoureux qui se trouve placé dans le centre d'un pêcher. Lorsqu'il est bien garni de boutons à fleur, on le palisse dans sa longueur, on le maintient au moyen d'un ébourgeonnement soigné, et on réserve à son insertion un bourgeon que l'on palisse et qui est destiné à remplacer celui qui a porté des fruits.

Il est des circonstances où un jardinier peut, sans inconséquence, sortir des bornes des principes ordinaires, pourvu qu'il n'en résulte rien de fâcheux. Au contraire, il est bon de pouvoir tirer parti d'un excès de végétation et le faire tourner à son profit Il n'y a pas de loi qui nous oblige à suivre à la lettre les figures géométriques que l'on nous donne pour modèles; nous devons en conscience faire ce qu'il est possible pour les suivre, les imiter, et même les surpasser si cela se peut, et nous sommes heureux que des théoriciens et des praticiens soient venus avant nous pour débrouiller le chaos, mais aussi tâchons de les imiter, perfectionnons, s'il est possible, cette culture du pêcher, si négligée partout. Je dis partout, car, à l'exception de quelques jardins d'amateurs, tels que ceux de M Noisette, de M. de Praslin, des villages de Montreuil et de Bagnolet, etc., placés au centre des sciences et des arts, si l'on va seulement à quelques lieues de la capitale, il est difficile de rencontrer un pêcher dirigé d'après les principes reçus et adoptés déjà depuis longtemps.

On se plaint quelquefois que la science ne fait pas de progrès; il ne peut en être autrement, les hauts dignitaires ne s'occupent nullement d'horticulture, ils en parlent quelquefois, mais seulement par pur passe-temps, sans y attacher aucune importance. Nul d'entre eux ne professe de la considération pour ceux qui cultivent leurs jardins et fournissent leurs tables, et souvent ils ont si peu de goût qu'ils refusent de faire la dépense nécessaire pour réparer les treillages de leurs espaliers. Ils ont chez eux un domestique ou un malheureux individu qui se dit jardinier parce qu'il sait écorcher la terre du jardin, c'est lui qui dirige le jardin, qui raccommode les treillages et mutile les arbres de toutes les façons. Si la science a fait quelques progrès remarquables depuis une cinquantaine d'années, c'est parce que le siècle est en progrès, c'est parce qu'il y a eu émulation parmi les cultivateurs de toute espèce, mais non pas parce qu'on a vu ces hommes puissants donner de salutaires encouragements.

Notre troisième branche secondaire étant obtenue, notre arbre doit avoir déjà une étendue assez considérable. Après avoir ainsi reçu les soins nécessaires, la végétation doit être à peu près égale des deux côtés. L'extrémité des branches mères a dû donner de beaux jets, et ceux-ci être, ainsi que les branches secondaires, parfaitement garnis de bourgeons anticipés qui seront tous taillés à un ou deux yeux. Nous laissons les mères branches, s'il est possible, sur des yeux bien prononcés, sinon il vaudra mieux pousser un peu plus loin pour avoir ceux-ci. L'œil inférieur nous donnera une quatrième branche secondaire ; la mère branche continuera de pousser dans la même direction. Si notre mur ne comporte que 3 mètres de hauteur, qui est celle adopté par les cultivateurs de Montreuil, notre arbre se trouvera dans les conditions nécessaires pour garnir amplement la surface de la muraille. C'est au jardinier qu'appartiendra le soin de maintenir une belle et forte végétation dans la partie inférieure de l'arbre : quant à l'intérieur ou au centre c'est ce dont nous allons nous occuper.

Il y a deux moyens de garnir l'intérieur de notre arbre et d'y obtenir de beaux fruits sans pour cela altérer les membres inférieurs ni en suspendre la végétation. Le premier de ces moyens consiste à choisir à la partie inferieure de la branche mère un rameau de moyenne force qui soit parfaitement garni de boutons à fleur, à le palisser à angle correspondant à celui de la mère branche avec l'attention de ne pas le tailler et à observer qu'il soit terminé par un œil en bon état. Ces deux bourgeons ou rameaux ainsi dressés et probablement chargés de fruits ne pourront pas attirer à eux assez de sève pour porter préjudice aux branches inférieures parce que le passage de la sève étant resserré, il n'est pas à craindre que le rameau soit susceptible de prendre trop d'empire, d'autant plus qu'il a ses fruits à nourrir. Il ne doit faire qu'une pousse très-ordinaire, et si, par hasard, il voulait prendre trop d'embonpoint, le jardinier est là pour le maintenir dans une dimension modéré. Ces deux branches nouvellement créées peuvent à elles seules garnir l'intérieur de l'arbre. Leur position favorable attirera toujours assez de sève pour nourrir leurs rameaux fruitiers et une végétation raisonnable dans toute leur étendue qui n'a pour apanage que l'intérieur du V très-ouvert.

Mais si cette branche ne remplissait pas à elle seule le but qu'on se propose, on pourrait sans inconvénient créer à peu près au tiers de sa longueur un rameau que nous nommons *branchie* à cause de sa destination. Cette branchie serait destinée à remplir entièrement le vide qui se trouve encore dans le haut du centre de l'arbre jusque sous le chaperon ou larmier s'il y en a un; son insertion au tiers environ de la branche secondaire supérieure nous donnera la facilité de pouvoir l'incliner à volonté pour qu'elle ne s'emporte pas trop. Elle est d'ailleurs destinée à donner beaucoup de fruits, placée qu'elle est dans une position très-favorable sous l'abri du chaperon; et pour combler le vide qui se rencontre dans tous les pêchers traités d'après divers systèmes, j'ai imaginé de créer cette branchie d'après des observations très-judicieuses d'un vénérable amateur qui avait des pêchers d'ailleurs très-bien traités, mais que contrariait beaucoup la lacune plus ou moins apparente qui existait au centre des arbres. Son jardinier m'en ayant parlé à plusieurs reprises, je pensai que l'on pouvait établir d'autant mieux cette branchie que dans le cas où elle voudrait devenir trop ambitieuse, on pourrait la renouveler à volonté tous les ans ou tous les deux ans sans porter aucun préjudice aux autres productions.

Si cette distribution des branches ne convenait pas, on pourrait employer le second moyen qui conviendrait également, mais exige beaucoup de surveillance à cause de la tendance habituelle de la sève à vouloir s'élever. Ce moyen consisterait à créer sur les mères branches, trois branches secondaires que nous nommerons *branches secondaires supérieures*, qui alterneraient avec les branches inférieures et seraient placées au milieu de l'intervalle qui est entre elles. Ces trois membres suffiraient bien pour garnir l'intervalle qui se trouve entre les deux branches principales, et ce seraient six membres à établir à la fois.

Il pourrait paraître un peu téméraire de vouloir former ainsi six branches secondaires au même instant, mais je propose de ne les établir que graduellement. Je commence donc par en établir deux sur la partie inférieure des deux branches principales; à cet effet, je choisis deux bourgeons de moyenne force, je les palisse en les inclinant de manière à former un angle assez aigu avec la mère branche, je les taille à une longueur égale tous deux et de manière à leur conserver des boutons à fleur le plus possible; leur empâtement sur la mère branche n'étant que celui d'un rameau à fruit ordinaire ne peut dériver qu'une quantité de séve assez modique, qui ne doit causer aucun dérangement dans l'ordre de la végétation. Les bourgeons terminaux seront palissés de bonne heure afin qu'ils ne puissent jamais devenir trop vigoureux, et s'ils le devenaient par hasard, on emploierait les moyens de répression en usage dans de pareilles circonstances.

On peut voir que je pourrais, par cette manière d'opérer, établir, c'est-à-dire préparer mes six branches secondaires si je le voulais, sans qu'il en résultât aucune conséquence fâcheuse, mais comme la partie supérieure des branches principales se trouve parfaitement garnie de rameaux fruitiers, toujours assez vigoureux dans cette partie et qui exigent toujours beaucoup de surveillance, et que je puis toujours diriger à volonté, je préfère attendre une année de plus pour créer les quatre autres que je regarde comme peu utiles et de peu d'importance, si ce n'est pour la régularité de la figure de l'arbre. En établissant ces quatre branches, je relève un peu mes deux branches secondaires supérieures et les rapproche davantage du centre de l'arbre, qui, par ce moyen, se trouve tout à fait rempli.

Les branches secondaires inférieures étant soigneusement ébourgeonnées doivent continuer de végéter avec vigueur; le jardinier doit maintenir un tel ordre dans la végétation qu'aucune branche inférieure ne se trouve dépassée par la branche principale; avoir soin, sur les bourgeons fruitiers qui voudraient prendre trop de vigueur, de les réduire par le pincement afin d'obliger la séve à couler dans les extrémités des branches charpentières; de palisser de bonne heure les bourgeons les plus vigoureux; de donner le plus d'aisance possible pour favoriser la végétation des deux branches secondaires inférieures en éloignant de la muraille l'extrémité de leurs branches et les fixant à des tuteurs.

Tels sont les soins les plus urgents à appliquer aux jeunes arbres de notre espalier. Si l'on a eu le bon esprit de ne leur point donner de labours, leurs racines doivent être étendues dans toute la largeur de la tranchée et peut-être au delà pour chercher la nourriture qu'elles transmettent aux branches. Une telle plantation ne peut manquer de prospérer pendant longtemps, parce qu'étant bien soignée par un homme ami de la science, les arbres ne se trouveront jamais mutilés par les plaies de toute manière dont ils sont ordinainement accablés.

Rien n'est plus préjudiciable à la santé et à la prospérité des pêchers que les larges plaies opérées sur les branches charpentières, plaies qui, la plupart du temps, sont provoquées par la négligence ou le peu de jugement de ceux qui en ont la direction. On se plaint assez souvent, et avec raison, que les arbres sont attaqués de la gomme. C'est effectivement une maladie fort préjudiciable au pêcher; mais si on se rend compte de la nature des soins qu'on donne ordinairement aux pêchers, il est peu étonnant qu'ils en soient aussi souvent attaqués. Il faut faire attention qu'un pêcher planté près d'une muraille en plein midi reçoit toute l'influence de la chaleur du soleil. On conçoit dès lors qu'il doit s'opérer chez lui une énorme déperdition de séve, non-seulement par l'évaporation à travers l'écorce, mais encore par les trachées des feuilles qui quelquefois se trouvent toutes fanées par la chaleur qu'elles éprouvent. Dans ce temps de détresse, des arrosements copieux, donnés le soir à la tombée du jour par un jardinier qui prenne intérêt à ces malheureux arbres, leur rendent un très-grand service; mais rien ne venant en aide à ces êtres souffrants, leur écorce se gerce, se comprime, se colle sur le bois, la végétation s'arrête jusqu'à ce qu'un changement s'opère dans l'atmosphère. Si le temps se met à la pluie, celle-ci vient un peu rafraîchir les feuilles et l'écorce; mais la masse ou l'épaisseur de terre dans laquelle sont fixées les racines est toujours desséchée, et les racines ne fonctionnant plus, l'arbre est pour ainsi dire en état de léthargie. Dans de certaines années, le 1er janvier arrive avant que la terre soit parfaitement trempé. Dans les terres bien substantielles, les racines, il est vrai, se défendent encore parce que ce terrain conserve et retient toujours un certain degré d'humidité ; mais tous les propriétaires ne sont pas aussi heureusement placés, et il y a des terrains légers, même de qualité supérieure, mais de peu d'épaisseur, qui sont desséchés de très-bonne heure dans la saison.

Enfin arrive l'époque où la terre se trouvant détrempée les racines recommencent à fonctionner. Si le printemps est humide et froid, il est peu favorable à la végétation du pêcher; mais la vieille écorce qui a été desséchée, serrée, comprimée sur le bois, ne peut plus se prêter au passage de la sève envoyée par les racines: il se forme des dépôts que l'on nomme *engorgements;* ces dépôts séveux se font jour à travers l'écorce et forment des ulcères qui attaquent le bois, et sont quelquefois bien difficiles à guérir. Or on aurait pu sans nul doute prévenir cet accident, si pendant l'été on eût eu l'attention de maintenir la végétation au moyen de forts arrosements répétés chaque fois que la chose aurait été nécessaire ; on eût ainsi évité le désordre que cause quelquefois dans un arbre la maladie de la gomme: c'est pourquoi on ne peut trop engager les propriétaires à faire remuer leur terrain le plus profondément possible lorsqu'ils sont décidés à planter. Plus le terrain est ingrat, plus il est dur, compacte, et plus il doit être remué profondément ; s'il est trop compacte, on l'allégera avec une quantité convenable de sable qu'on mélangera, non pas après le défoncement et à la superficie comme font plusieurs cultivateurs, mais quand il s'agit du défoncement de tranchées d'espaliers, en en faisant transporter une forte chaîne en dépôt dans toute la longueur destinée à la tranchée, et au moment où les ouvriers sont occupés au défoncement, en le faisant répandre abondamment parmi la terre remuée. Ce sable ainsi employé maintient divisées les parties compactes, donne un passage facile aux eaux, facilite la croissance des racines, leur donne un passage libre pour s'étendre dans tous les sens.

Une chose que tout le monde a pu remarquer, c'est que tous les arbres qui sont plantés sur un sol dont le fond est de sable ou dont le sable fait partie ont tous le feuillage d'un beau vert et une végétation brillante ; l'emploi du sable est généralement assez négligé, et cependant il serait d'une grande utilité pour diviser et améliorer les terres fortes et argileuses dont la culture est si difficile. Le sable est assez commun dans certains cantons pour qu'on puisse facilement l'admettre dans les plantations de pêchers ; il n'a pas, comme les engrais employés par les cultivateurs de Montreuil et autres lieux, l'inconvénient d'attirer et de donner naissance à une infinité d'insectes qui nuisent essentiellement aux pêchers et désolent les cultivateurs.

Il y a des circonstances où on rencontre des murailles de 4 à 5 mètres de hauteur qui se trouvent inoccupées; c'est là une preuve certaine de l'insouciance des propriétaires, car ils pourraient, en suivant l'exemple de la plantation exécutée à l'ancienne pépinière du Roule par Dupetit-Thouars, tirer un bon parti de ces murailles en les garnissant de pêchers. Dupetit-Thouars avait planté des palmettes, mais à une distance trop rapprochée, faute qui est commune à tous les planteurs, même des jardins publics consacrés à l'instruction, tel, par exemple, que le Jardin des Plantes de Paris, où les végétaux fruitiers sont si rapprochés les uns des autres qu'on peut à peine distinguer une variété ou une espèce avec une autre. Quand on fait une plantation, on doit avoir devant les yeux l'emplacement que devra occuper l'arbre que l'on met en terre; on doit donc lui accorder tout l'espace nécessaire au développement de la taille que la nature lui a accordé. La distance entre les individus destinés à garnir une muraille de 4 à 5 mètres de hauteur doit être établie ainsi qu'il suit : si pour garnir une muraille de 3 mètres on plante à 12 mètres, pour un mur de 4 mètres on peut planter à 14 mètres. Cette distance pourra paraître exagérée ; mais si l'on se rappelle qu'un pêcher, bien planté et bien soigné peut facilement acquérir 16 mètres d'étendue en dix ans, on trouvera que la distance est encore un peu trop rapprochée. Les murs de 4 mètres ne sont pas rares, les murailles des jardins des amateurs riches avaient toujours autrefois cette hauteur, et parmi nos constructions nouvelles, il en est de beaucoup plus élevés qui ne sont même pas occupées. Les cultivateurs de Montreuil se contentent de 3 mètres, mais ils ne peuvent avoir que des pêchers de cette hauteur; et aujourd'hui, malgré le perfectionnement que quelques cultivateurs habiles ont apporté à la culture du pêcher, il serait peut-être difficile de rencontrer un seul arbre dans ce pays de 16 mètres d'étendue, ou pour mieux dire de longueur, et quand il s'en rencontrerait, ce pêcher serait encore loin d'approcher de celui de M. Plessier, de Pontoise, qui couvrait 80 mètres carrés de muraille.

Je suppose qu'on voulût garnir une muraille de cette hauteur, dans ce cas il faudrait ouvrir une tranchée de 2 mètres à 2m,50 de largeur sur 1m,30 de profondeur. Si la terre était de la nature du tuf, dure ou glaiseuse, on y mêlerait du sable de mine ainsi que je l'ai indiqué précédemment. On ferait ce travail pendant la belle saison afin que la terre fût plus facile à travailler, puis on la laisserait se reposer jusqu'au printemps ; mais comme j'ai la prétention que les sujets que je plante soient d'une grande rusticité, je préfère semer en place des amandes récoltées par moi et que je mets en terre à la distance, comme nous l'avons dit, de 14 mètres. Je forme des petits compartiments avec des tuiles ou des bouts de planches touchant à la muraille afin que les taupes, qui ordinairement circulent dans toute la longueur des murs d'espaliers, ne puissent venir fouiller et remuer les amandes placées dans ces compartiments : car non-seulement les taupes viendraient fouiller, mais les mulots, qui ordinairement suivent les galeries tracées par les taupes, ne manqueraient pas d'arriver et de dévorer ces amandes qu'ils découvriraient aisément, étant doués d'un odorat très-délicat. Quant aux taupes, ce ne sont pas des animaux dévastateurs ; si elles commettent des dégâts, c'est seulement en fouillant et traçant la terre dans tous les sens pour trouver leur nourriture ; elles ne mangent ni fruits, ni légumes, mais seulement les vers de terre qui sont leur seul aliment.

Au mois de novembre, je place donc dans chaque compartiment cinq ou six amandes que je recouvre également d'une tuile ou d'un morceau de planche. Vers le mois de mars, je retire la tuile afin que les amandes puissent pousser à leur aise. Lorsqu'elles sont en pleine végétation, je réforme les plants inférieurs pour ne conserver que le plus vigoureux, auquel j'ai soin de donner quelques arrosements pour lui faire prendre de la force, et pour que le vent ne le tourmente pas trop, je place un tuteur auquel je l'attache solidement. Si je voulais en faire un arbre nain, je pourrais le greffer vers le mois de septembre : mais telle n'est pas mon intention, parce que ma muraille ayant une hauteur assez belle, je préfère attendre une année de plus et greffer le sujet en demi-tige, c'est-à-dire à environ un mètre de hauteur. J'aurai le soin d'élever le corps de mon arbre le plus droit possible et de lui donner de l'eau pendant les chaleurs, afin qu'il acquière le plus de force possible et soit en état d'être greffé au mois de septembre.

Supposons que j'aie six arbres à greffer. Comme il faut que le propriétaire puisse avoir des pêches depuis le commencement de la saison jusqu'à la fin, je grefferai des fruits qui pourront se succéder sans interruption et seulement un individu de chaque espèce ainsi qu'il suit : grosse mignonne admirable, madeleine de Courson, teton de Vénus, brugnon violet, pavie de Pomponne. Après avoir recueilli mes greffes moi-même, je place deux yeux opposés l'un à l'autre sur les côtés latéraux de la tige, afin que lorsqu'elles pousseront je puisse leur donner la direction qui me conviendra sans les contraindre. Quand arrivent les gelées, j'enveloppe mes greffes de papier ou de feuilles d'une consistance un peu solide comme celles de platane ou de châtaignier ; mais auparavant je fais attention que la ligature ne forme pas un étranglement en serrant trop l'écorce du sujet, et dans ce dernier cas j'ôte la ligature.

Mes sujets passent ainsi l'hiver ; au printemps, vers les premiers jours de mars, je développe mes greffes et j'ôte les ligatures, je coupe le sujet à 5 ou 6 centimètres au-dessus des greffes : celles-ci ne tardent pas à se mettre en mouvement et ne peuvent manquer de donner une belle végétation. Je fixe le sujet au treillage ou à la muraille, et à mesure que mes greffes s'allongent, je les palisse en leur laissant le plus de liberté possible, mais en conservant la direction qu'il me convient de leur donner et qu'elles devront suivre à l'avenir, qui est celle d'un V très-ouvert. Je supprime devant et derrière tous les faux bourgeons, mais je conserve précieusement ceux des côtés qui attirent la sève et fortifient mes greffes. Il ne serait pas du tout étonnant qu'à la fin de l'été ces greffes aient acquis une longueur chacune de 2 mètres, ce qui forme déjà un arbre de 4 mètres d'étendue. Vers les premiers jours du mois d'août, je supprime, avec une petite scie à main, l'onglet qui existe entre les deux greffes et je rafraîchis la plaie avec la serpette ; comme la sève est encore en activité la plaie aura commencé à se recouvrir avant l'hiver.

On me demandera peut-être pourquoi je préfère des demi-tiges aux arbres nains pour cette plantation ? je répondrai que la hauteur de 1 mètre est peu de chose sur un mur de 4 mètres, que par cette disposition, je me donne l'avantage de faire naître une deuxième branche secondaire inférieure qui formera le complément de la partie inférieure de mon arbre; ce que je ne pourrais faire avec un nain ou une basse tige. Avec une basse tige on a beaucoup de peine à faire prendre une grande vigueur aux branches secondaires inférieures, elles sont trop basses et manquent de l'air si nécessaire pour leur faire acquérir une grande vigueur, et d'ailleurs lorsqu'il pleut on est obligé de répandre des pailles ou de la mousse afin d'empêcher que les éclaboussures ne salissent les fruits. Ici, au contraire, je puis donner la même forme à mon arbre et créer deux branches de plus qui jouiront amplement de l'air et du soleil. La séve s'écoulera d'autant mieux dans ces deux branches, qu'elles auront un empattement assez large attendu qu'elles auront été formées les premières.

J'ai élevé de ces sortes d'arbres dont les bourgeons inférieurs étaient palissés vers la terre et se relevaient ensuite jusqu'à la hauteur de la greffe; la séve y était si abondante que j'étais quelquefois fort embarrassé, mais il n'y avait aucun danger que le corps de mes arbres se trouvât brûlé par le soleil et j'étais fort heureux de m'en servir pour attacher les bourgeons qui arrivaient des deux côtés à la fois en sorte que l'année suivante la petite tige de mon arbre se trouvait garnie de fruits du haut en bas.

Pour peu qu'on se donne la peine de réfléchir, il n'est pas difficile de concevoir qu'un sujet enraciné depuis deux ans dans un sol ainsi préparé doit donner une plus belle végétation qu'un individu sortant des pépinières, qui a été déplacé d'abord, puis privé d'une partie de ses meilleures racines et quelquefois planté assez tard pour ne pouvoir pas faire de grands progrès. Il faut à un tel sujet toute une année pour pouvoir s'attacher comme il faut au sol, par conséquent il ne peut faire que de faibles pousses; mais en supposant même qu'il pousse assez vigoureusement, il n'est pas certain qu'on puisse obtenir pendant cette première année les deux bourgeons ou rameaux si nécessaires pour former la charpente future de l'arbre; par mon procédé, je suis certain, non seulement d'obtenir deux bourgeons égaux en force pour donner à mon arbre telle forme qui me conviendra, mais j'ai encore la certitude que sa végétation sera progressive, parce que je sais que les racines de mon sujet sont fortement fixées au sol, qu'elles peuvent se diriger dans tous les sens sans rencontrer aucun obstacle. Je puis avec sûreté donner à un rameau une taille plus ou moins allongée, parce que je conçois l'état des racines, et, par conséquent, le résultat que je dois obtenir.

Pourquoi voit-on de tous côtés des pêchers jeunes encore avec des feuilles jaunes soit sur la totalité de l'arbre soit en partie, ou bien un arbre qui cesse de végéter d'un côté et s'emporte de l'autre? c'est que le plus souvent on plante dans un terrain qui est déjà fatigué d'avoir nourri la même essence d'arbres. On ne veut pas absolument se figurer que quand un pêcher ou autre végétal a vécu dans un endroit il est d'une nécessité absolue d'en enlever la terre et d'en substituer d'autre si l'on veut que celui qui doit le remplacer réussisse, ou bien le propriétaire, par une économie mal raisonnée ne croit pas utile de faire défoncer le terrain convenablement; il s'en suit que les racines des arbres, trouvant le plus souvent un tuf dur qu'elles ne peuvent percer restent dans l'inaction; les branches correspondantes jaunissent en tout ou par parties; la séve cessant de circuler l'écorce se resserre, la végétation s'amaigrit, l'arbre meurt en partie, et on finit par l'arracher en disant que les pêchers ne se plaisent pas!!!

La plupart des maladies du pêcher qui se manifestent dans les branches sont toujours causées par le mauvais état des racines; ce ne sont point les petits bassins qu'on fait à leurs pieds et dans lesquels on met quelques ingrédients, tels que terraux, fumiers, sang de bœuf, cendres, suie, etc., qui peuvent soulager et encore moins guérir un pêcher malade. Il n'y a pas jusqu'à M. Payen qui nous donne avec une grande assurance l'avis de mettre au pied de nos arbres fruitiers quelques poignées de son engrais qu'il nomme noir animalisé, et cependant le savant secrétaire de la Société d'agriculture de Paris sait bien ou devrait savoir que les produits chimiques ne peuvent pas convenir aux arbres fruitiers. Ce ne sont pas non plus les labours ni l'emploi des fumiers aux racines qui peuvent les ramener à la santé. Le meilleur moyen, le meilleur remède, est de donner aux racines des terres bien végétales, des terres vierges, bien substantielles remuées à une bonne profondeur, afin qu'elles puissent s'étendre librement; c'est là le vrai secret pour avoir des arbres bien portants et vigoureux.

J'ai observé, en 1847, au Jardin des Plantes de Paris, un pêcher en espalier dont une des branches secondaires supérieures avait été attaquée par la jaunisse, quoique le reste de l'arbre fût parfaitement vert. La végétation était suspendue dans ces branches, quoique celles voisines poussassent très-bien. La personne qui dirigeait ces arbres avait employé le seul procédé à suivre dans un cas semblable: elle avait, au moyen d'une petite fourchette de bois appuyée contre le mur, éloigné cette même branche de 45 cent. environ, afin qu'elle eût plus d'air et de tâcher d'y rappeler la sève; mais je doute fort qu'elle ait réussi, car la branche secondaire supérieure est trop avantageusement placée pour que la sève cesse d'y monter, et la cause de la jaunisse des feuilles n'existait pas dans la branche; voici seulement ce qui pouvait donner lieu à cette maladie : le terrain où est planté cet espalier a été considérablement exhaussé, et rempli avec des immondices et des terres mélangées à toutes sortes de détritus et de residus. Il est probable que les racines correspondantes à cette branche étaient arrivées dans une partie de ces detritus, où elles ne fonctionnaient plus, et dès lors on ne doit plus être surpris que cet arbre se soit trouvé dans un cas semblable.

Cette jaunisse se fait remarquer assez souvent lorsque les racines sont obligées de traverser une partie de terre qui n'est pas du tout végétale, ou du tuf dur et sec, ou lorsqu'elles arrivent sur un sol qu'elles ne peuvent pénétrer, où l'eau séjourne et quelquefois se putréfie. On voit parfois des arbres de plein vent dont une moitié est bien verte pendant que l'autre est malade, et la végétation tout à fait arrêtée; si l'on veut s'en rendre compte d'une manière expérimentale, on n'a qu'à découvrir la moitié des racines d'un cerisier en parfaite santé, enlever la terre jusqu'à ce qu'on trouve les racines, faire apporter du fumier, n'importe de quelle espèce, le placer sur ces racines et recouvrir de terre; l'année suivante, on s'apercevra qu'une partie de l'arbre poussera des feuilles qui commenceront à jaunir; la deuxième année, la maladie augmentera dans une partie de l'arbre, tandis que l'autre continuera à se bien porter; enfin, cette partie malade finira par périr pendant que l'autre restera saine et vivante. Si l'on eût enlevé la totalité de la terre, et qu'on eût garni le pied de l'arbre avec du bon fumier de vache, ou tout autre, il serait mort entièrement.

Quoique de son temps La Quintinie pratiquât déjà le pincement, cependant cette opération était peu en usage et tout à fait inconnue à Montreuil. Ce n'est que depuis peu d'années qu'elle a pris faveur et est pratiquée très-fréquemment, surtout pour la culture du pêcher. Le pincement est utile dans beaucoup de circonstances, puisque, avec son aide, on dirige et envoie la sève partout où il convient. La Quintinie s'en servait pour obtenir davantage de rameaux; quant à nous, nous faisons tout le contraire et nous en servons pour en diminuer le nombre; car, si l'on laissait, si l'on conservait tous les bourgeons que produit l'opération du pincement, il y aurait une confusion extraordinaire. Ce qui a lieu de surprendre, c'est que, de tous les savants auteurs qui ont parlé de l'opération du pincement, aucun ne nous ait expliqué positivement la manière dont il doit se pratiquer. Tous disent très-clairement : « Si un bourgeon montre trop de vigueur, il faut le pincer, » mais à quelle hauteur? on ne nous le dit pas. Lorsque le bourgeon aura été pincé, il repoussera probablement, comment faudra-t-il traiter ces nouvelles productions? Car je suppose que j'aie pincé à deux yeux, ces deux yeux pousseront chacun un bourgeon, dont je n'ai pas besoin. Si je les pince eux-mêmes encore à deux yeux, j'aurai amené une confusion extrême, car toutes ces productions sont inutiles, puisque je n'ai besoin que d'un seul rameau. Je suis donc obligé de trancher la question, et, pour cela, je démonte tout cet échafaudage de bourgeons et je me retranche sur le bourgeon le plus inférieur; la sève dont le couloir se trouve obstrué est obligée de s'introduire dans les passages des rameaux inférieurs, et de contribuer à leur donner une plus grande vigueur; car je ne veux pas absolument que le centre de mes arbres soit plus fourni que les parties inférieures.

Si l'opération du pincement est faite trop haut, elle donne trop de facilité à la sève de se précipiter dans le canal qui lui est ouvert; tandis qu'en supprimant l'extrémité du bourgeon à deux yeux lorsqu'il est encore en herbe, on reste toujours maître de diriger la sève où on veut. Les deux yeux que je laisse près de la mère branche ne manquent pas de repousser, leur position verticale les y invite ; mais lorsqu'ils ont acquis une longueur de 15 centim., je coupe, je rabats le bourgeon supérieur près de celui du bas, et je pince celui-ci à deux ou trois yeux; la sève, ainsi contrariée dans son action, est absolument obligée de se porter dans les branches secondaires inférieures, dont je ne redoute jamais la trop grande vigueur.

Mais ce pincement, si utile pour perfectionner la figure d'un pêcher et distribuer la sève également dans toutes ses parties, devient cependant préjudiciable lorsqu'il est pratiqué par des personnes inexpérimentées, ainsi que j'en rencontre des exemples tous les jours. Des personnes qui ont suivi les leçons du Luxembourg prétendent qu'on doit, pour avoir de beaux pêchers, pincer continuellement et sans distinction, ni aucun choix, tous les bourgeons généralement et à plusieurs reprises ; c'est-à-dire qu'aussitôt qu'un bourgeon a l'air de vouloir dépasser son voisin, on doit le rogner en pinçant avec la main ou l'arracher; c'est l'expression et la méthode dont se servent ces novateurs, qui se disent autorisés par les leçons du jardinier en chef du Luxembourg. J'ai vu les malheureux arbres ainsi traités, et c'est bien là le cas d'appliquer cette ancienne maxime : « C'est à l'œuvre qu'on connait l'artisan. » Au premier coup d'œil, on pourrait croire qu'un troupeau de chèvres a passé par là et que ces animaux les ont broutés. A la vue de ces infortunés, on peut préjuger qu'ils n'acquerront jamais une bien grande étendue. La sève y parait arrêtée dans sa marche et comme stagnante ou suspendue ; le bois des rameaux est maigre ; les feuilles, étroites et pâles, ont un air de souffrance que l'on n'aperçoit pas ordinairement dans un individu qui jouit d'une bonne santé.

Tout cela fait soupçonner que les élèves sont mal enseignés, ou qu'ils comprennent mal l'enseignement qu'on leur donne ; car, malgré la très grande utilité du pincement, on doit certainement en user avec modération et ne jamais en abuser. Nous autres praticiens, nous ne nous servons de l'opération du pincement que pour empêcher qu'un bourgeon trop bien placé ne prenne trop d'empire au préjudice de ses inférieurs; mais si vous vous attachez à pincer sans discernement tous les rameaux, vous mettez un désordre épouvantable dans toutes les parties de l'arbre, désordre qui ne peut être ensuite réparé qu'en faisant une multitude de plaies, que nous cherchons toujours à éviter par notre manière de procéder. Nous redoutons par dessus tout de faire des suppressions considérables sur le pêcher, parce que les larges plaies lui sont tôt ou tard très-préjudiciables, et c'est pour cela que j'ai indiqué le moyen d'élever des sujets le long des murailles, de les greffer, et d'en pincer l'extrémité lorsqu'elle est encore très-tendre, pour leur faire produire deux bourgeons d'égale force, les palisser et les dresser dans la forme d'un V très-ouvert, afin qu'à l'avenir on soit dispensé d'employer un moyen violent pour leur donner la forme la plus convenable, qui est celle indiquée avec diverses modifications et perfections que j'ai jugé nécessaires de lui donner.

En effet, à quoi sert ce système d'élever des pêchers sous la forme d'un V peu ouvert, pour être obligé, au bout de sept à huit et peut-être de dix ans, de l'ouvrir davantage après que les branches mères auront acquis 15 à 18 centim. de circonférence, et de risquer de l'éclater à la naissance de ces mères branches, ou de les fendre en deux, ainsi que cela est arrivé à deux auteurs des plus éclairés, M. le comte Lelieur, de Ville-sur-Arce, et M. Lepère, de Montreuil. J'ai vu, chez ce dernier, un pêcher, déjà vieux, auquel on avait été obligé d'adapter des colliers en fer pour rapprocher et maintenir les deux mères branches, qui avaient été séparées l'une de l'autre par cette violente opération. Un pêcher de cette force ne peut subir une violence semblable sans éprouver une commotion et de grandes souffrances, car il y a pression d'un côté et contraction de l'autre; ce qui nécessite une certaine révolution dans le travail de ses organes.

C'est, dit-on, pour obtenir leurs fruits qu'on les tourmente si cruellement ; mais ne les obtiendrait-on pas également, et peut-être plus beaux, en employant des procédés moins violents? Car les courbures, les torsions, les incisions, les plaies de toute espèce, les suppressions de racines pratiquées et conseillées par La Quintinie, même les engrais conseillés par tous les savants qui ne sont ni praticiens ni cultivateurs, tout cela ne contribue en rien à forcer les pêchers à donner de plus beaux fruits, ni à rendre les arbres plus vigoureux ni mieux portants. Ce n'est pas chez Noisette que l'on aurait torturé les arbres comme on le voit aujourd'hui dans divers établissements, ni chez M. le comte de Cessac, à Saint-Mandé, près Paris, où il existait les plus beaux pêchers des environs de Paris, malgré l'extrême aridité du sol, et au moment où je parle, chez M. Odier, propriétaire à Bellevue, où l'on admire des pêchers traités dans des proportions les plus égales et d'une élégance parfaite.

On doit à Noisette diverses espèces de pêches, telles que la pêche Desprez, celle d'Ispahan, le brugnon blanc, et une infinité d'autres espèces fruitières dont il a doté le pays; mais cet habile horticulteur ne torturait pas les végétaux, parce qu'il savait bien que l'on n'obtient rien de beau ni de bon qu'avec de la patience et une persévérance sans bornes. Il n'en est pas de même à présent. Nous ignorions le nombre d'années que pouvait vivre un pêcher, pauvres ignorants que nous étions! M. Lepère vient de nous l'apprendre, dans son excellent Traité de la culture des pêchers; nous savons actuellement que le pêcher, ce végétal qui fait quelquefois l'admiration des riches par ses beaux tapis de verdure et par ses fleurs et ses fruits admirables, ne peut vivre que vingt-huit années. Il faut huit années pour le former convenablement; il dépérit pendant huit autres années; et ainsi on ne peut le voir et jouir de la plénitude de sa beauté que pendant douze années. Il est bien malheureux qu'un arbre, dont la vie est remplie d'autant de vicissitudes et de souffrances, soit condamné à mourir aussi jeune.

Néanmoins, nous avons souvenir d'avoir vu à Montreuil, chez M. Mériel, successeur de M. Pépin, de 1796 à 1806, de très-beaux pêchers fort bien traités, qui se portaient parfaitement bien; je n'en ai jamais demandé l'âge, mais des arbres de cette taille paraissaient avoir à peu près une quarantaine d'années; je pense qu'il doit y avoir encore quelques cultivateurs qui pourraient se le rappeler. A cette époque, l'éhourgeonnement se pratiquait fort tard, et je me souviens qu'au mois de juillet les arbres n'étaient pas encore ébourgeonnés, et que lorsqu'il poussait à l'extrémité d'une branche mère deux ou trois forts bourgeons, on les palissait soigneusement pour ne les supprimer qu'à la taille. C'est ce qui faisait dire aux jardiniers qui se connaissaient en culture de pêcher, qu'à Montreuil on montait toujours les chevaux sur des ânes, les branches secondaires supérieures emportant toute la sève au préjudice des parties inférieures de leurs pêchers; et encore aujourd'hui cette routine est tellement enracinée, que, l'année dernière, en traversant le village de Montreuil j'ai encore revu le même travail, et que je me demandais si j'étais encore en 1810. Cependant, en principe, on doit reconnaître que les cultivateurs de ce pays excellent dans la distribution et le placement, et par la symétrie qu'ils apportent dans leur palissage on voit que ce sont de véritables praticiens possédant leur art au suprême degré, mais tenant aux anciens usages pratiqués par leurs ancêtres, et ne se souciant pas d'en changer. S'ils voulaient seulement y apporter un peu de bonne volonté, ils ont parmi eux des hommes qui peuvent parfaitement leur donner les moyens de perfectionner encore leur système de taille et d'ébourgeonnement, et possèdent d'ailleurs un terrain qui paraît bien convenir au pêcher. Toutes les plantations qui ont été faites depuis quelques années un peu en dehors du pays paraissent dans un état de prospérité remarquable, et il ne tient qu'à eux d'avoir les plus beaux pêchers du monde, car toutes ces plantations ont été faites avec soin, et jouissent d'une plus grande abondance d'air pur que celles de l'intérieur du village, où les murailles trop rapprochées empêchent le renouvellement de l'air.

C'est surtout dans ces jardins étroits et vieux que doivent se multiplier ces myriades d'insectes, et surtout de perce-oreilles, qui, quelquefois, font tant de ravages dans les abricots et dans les pêches; le meilleur moyen, je crois, de s'en débarrasser, serait de ne plus introduire de gadoues; ou, au moins, au lieu de les laisser répandues sur le terrain, de les enterrer de suite dans l'intérieur de leurs carrés, afin que l'odeur ne puisse attirer la vermine.

J'ai pu constater, il y a déjà longtemps, que les cultivateurs de Montreuil déposent ordinairement les fumiers qu'ils destinent à leurs cultures le long de la route ou sur des places à l'entrée du village, et les y laissent séjourner longtemps. Lorsque ces fumiers ont été déposés, ils ne contenaient peut-être pas de courtillières; mais cet animal, qui a des ailes, ainsi que le perce-oreilles, aime beaucoup se former une retraite au sein des fumiers de cheval; il s'y transporte la nuit, et quand on vient enlever le fumier, on transporte, sans s'en douter, des milliers de courtillières dans les jardins. C'est ce que j'ai vu arriver très-fréquemment non-seulement à Montreuil, mais encore ailleurs.

Pour le ver blanc, c'est à peu près la même chose ; lorsque arrive le moment de la ponte, la femelle se pose sur un tas de fumier le plus décomposé qu'elle rencontre, elle y creuse un petit terrier de quelques centimètres de profondeur, y dépose ses œufs et meurt bientôt après. Les cultivateurs viennent enlever le fumier et emportent en même temps la progéniture, qui se répand dans le terrain, attaque les fraisiers, les pommes de terre, etc. Il y a des années où cet insecte est en si grande quantité, que c'est une véritable calamité. Lorsqu'un pêcher est greffé sur prunier, et qu'il est voisin d'un endroit où la femelle hanneton a déposé ses œufs, ceux-ci une fois éclos, la nichée attaque d'abord l'extrémité des spongioles qui sont fort tendres, puis suit la racine et ne la quitte pas, à moins qu'elle ne devienne trop dure ; alors cette vermine en attaque une autre ; de sorte que si la famille est composée de trente individus, c'est trente racines chevelues qui sont attaquées. L'année suivante ils continuent leur ravage, étant plus forts ils mangent davantage, jusqu'au mois de septembre ou octobre, où ils rentrent en terre, c'est-à-dire où ils s'enfoncent assez profondément pour que la gelée ne puisse les atteindre. L'année d'après ils sont encore plus gros, plus robustes, et achèvent de manger l'écorce des grosses racines ; enfin, la troisième année, vers le mois de juillet, la larve se métamorphose en une chrysalide, et quelquefois, au mois d'octobre, on trouve en labourant des hannetons déjà transformés qui passent ainsi l'hiver. Au mois d'avril, lorsqu'il fait un temps un peu doux, on les voit percer le sol, sortir et s'envoler pour s'abattre sur le prunier, le cerisier, le noyer, le peuplier, le châtaignier, etc., puis on est surpris de voir un pêcher dépérir de jour en jour ; on n'imagine pas toujours qu'il s'est établi une colonie de vers blancs aux racines de l'individu ; et voilà comment assez souvent on perd des pêchers pour lesquels on ne néglige ni binages, ni arrosements, ni les autres soins relatifs.

Ces insectes attaquent moins l'amandier, parce qu'étant muni de fortes racines qu'il enfonce profondément, ils ne peuvent les dévorer aussi facilement.

Un jardinier de ma connaissance, contrarié de voir la disproportion qui existait presque toujours entre les branches inférieures et celles supérieures des pêchers traités suivant la méthode de Montreuil, a imaginé de créer un système par lequel il ne laissait subsister de branches fruitières qu'en-dessous des branches secondaires inférieures et supérieures. Ce système lui donnait la facilité de créer un bras de plus sur la partie supérieure. Il ébourgeonnait sévèrement ; au moment de la taille il supprimait peu, seulement ce qui ne lui convenait pas, ou du moins ce qui pouvait l'être sans laisser de vide ; et, lorsqu'il palissait, il faisait arriver l'extrémité de ses rameaux de manière à cacher la nudité de la branche, et même déborder les feuilles sur cette branche pour la préserver de l'ardeur du soleil. Il inclinait un peu davantage les bras supérieurs, et se créait une branchie de chaque côté du centre de l'arbre, branchies sur lesquelles il ne retranchait rien, mais qu'il maintenait par un ébourgeonnement très-sévère. Ces deux branchies remplissaient parfaitement le centre de l'arbre, et lorsque les arbres étaient palissés, on ne s'apercevait nullement de son travail. Dans ce jardin le palissage se faisant au clou et à la loque, cela lui donnait le moyen de lisser et dresser parfaitement tous ses rameaux. Les pêchers ainsi traités ne laissaient pas que de produire une quantité de pêches étonnantes par leur grosseur ; les arbres se prêtaient volontiers à cette forme et poussaient rarement des gourmands ; mais, en revanche, ils poussaient étonnamment aux extrémités des membres et se garnissaient d'une quantité considérable de faux bourgeons, de manière que quand on voulait asseoir la taille de l'extrémité des membres, il était rare d'y trouver un œil qui ne fût pas forcé ; en sorte que, comme ces arbres étaient très-vigoureux, on laissait ainsi certaines branches sans les tailler, c'est-à-dire sans les raccourcir. On taillait à un ou deux yeux tous les faux bourgeons qui se trouvaient tous munis de deux ou trois boutons à fleur bien nourris, et qui ne manquaient pas de produire de très-beaux fruits. On concevra que, par la suppression des rameaux supérieurs des membres, la sève devait être poussée avec une grande force aux extrémités.

Par cette méthode, ce jardinier était parvenu à avoir une végétation aussi belle dans les branches inférieures que dans les supérieures ; et comme ces arbres étaient dans le domaine du château de la Garenne, à Villemonble, on voyait descendre assez souvent des cultivateurs de Montreuil qui venaient observer cette nouvelle manière de traiter les pêchers et la contrôler ; car ces estimables cultivateurs ont toujours cru, et croient encore, que leur méthode, toute défectueuse qu'elle est, n'est pas susceptible d'être perfectionnée ou surpassée, ni même être pratiquée avec autant de dextérité que par eux-mêmes; chose vraie en elle-même, mais avec certaines restrictions, car c'est justement parce qu'on ne veut pas les imiter à la lettre.

En effet, les amateurs, plus sensés que les habitants de Montreuil, dépensent de l'argent pour la construction des murailles, mais ils ont bien le droit d'exiger que les murs soient garnis tout entiers du haut en bas ; or, les Montreuillois eux-mêmes ne peuvent pas remplir ces conditions, puisque leurs pêchers sont pour la plupart dégarnis de rameaux par le bas ; à quoi cela tient-il donc? à leur empressement à vouloir récolter une quantité de fruits. Un jeune arbre présente une belle végétation, on se saisit des branches, on les charge à fruit le plus qu'on peut ; car on n'a en vue que les grosses récoltes, et on ne songe pas à ménager de quoi garnir le bas de l'arbre. La séve, qui aurait pu servir à pousser des rameaux capables de remplir ce but, est convertie en pêches qui rapporteront au cultivateur plus ou moins de pièces de 5 francs dans les trois ou quatre premières années. Il s'est bien rencontré de ces excellentes branches bien placées pour garnir l'arbre dans le bas et pendant longtemps, mais la faveur qu'on accorde aux branches supérieures est toujours au préjudice des inférieures, qui ne durent pas longtemps. La séve, qui les abandonne faute d'air, et qui trouve un passage bien plus commode pour se transporter dans le haut, cesse de circuler dans le bas, et celles-ci meurent abandonnées par le fluide nourricier, par l'air et par le cultivateur lui-même.

Il n'en peut être de même d'un jardinier qui est payé pour que ses murs soient parfaitement couverts de verdure et de fruits, et est alors obligé de se servir d'autres moyens pour y parvenir. A cet effet, il doit donc porter une attention sérieuse sur les bras inférieurs des pêchers, et être très-attentif à ce que la séve soit répartie également partout, et même de préférence plutot dans le bas de l'arbre que dans le haut. Toutes les fois que le bas de l'arbre sera bien garni, le haut le sera bientôt. C'est précisément ce que les Montreuillois n'ont jamais voulu faire, ni comprendre.

La nouvelle forme donnée par M. Lepère est certainement un pas fait vers la perfection ; malheureusement, cet habile pomologiste finit son arbre par où il aurait dû le commencer. La position trop verticale qu'il donne aux jeunes branches, dont il compose ou qu'il destine à former la charpente, attirera toujours la séve de préférence dans la partie supérieure; alors, il a beau vouloir ouvrir son arbre, il est trop tard, les fibres du bois sont devenues trop ligneuses et trop solides pour pouvoir obéir ; et puisque M. Lepère sait bien qu'il peut disposer de la séve de ses arbres à volonté, pourquoi emploie-t-il la violence pour une opération qui, faite quelques années plus tôt, n'aurait nécessité que l'action de la pointe de la serpette pendant un seul instant et quelques brins de jonc?

M. Lepère, il est vrai, se retranche et compte beaucoup sur l'opération du pincement, mais il ne peut remédier à la gêne qu'il a fait éprouver à ses membres; et puis ce pincement, il est encore dangereux d'en mésuser ou d'en abuser, et je connais des pêchers qui, pour avoir été mutilés par le pincement, n'en veulent plus, et sont en train de s'en aller dans l'autre monde. Quant au dressement, à quoi bon tourmenter sans cesse ces pauvres arbres ? Est-ce que leur direction première ne doit pas suffire?

Puisque dans le mode que je propose les lignes sont, pour ainsi dire, tracées, je ne vois pas la nécessité de parler du dressage. On dresse les branches principales deux fois par an, mais seulement par les extrémités, au moment de la taille et à celui du palissage. Quand un arbre est conduit par une main habile et qu'il est vigoureux, il n'est plus nécessaire de le redresser ; on n'a besoin de redresser que des arbres qui ont été négligés, qui ont des courbes, des coudes, etc., ceux-là certainement ont besoin de ce soin ; mais lorsqu'on a assigné une direction à la branche principale d'un pêcher, ou toute autre espèce d'arbre fruitier, on doit le lui conserver sans être obligé de revenir sur ses pas ; car faire et défaire, est toujours travailler et employer beaucoup de temps sans avancer la besogne.

Lorsqu'il arrive un accident imprévu, c'est une autre affaire, il faut bien s'occuper d'arrêter le désordre quel qu'il soit, et, dans les mains d'un habile jardinier, l'ordre est bientôt rétabli. La végétation permanente du pêcher et sa docilité ont bientôt procuré les moyens de ramener l'arbre à son premier état.

Nous avouerons franchement ici que M. Lepère a apporté un grand perfectionnement à l'ancienne méthode de la taille des pêchers à la Montreuil, et qu'il serait à désirer qu'on suivît son exemple; mais je n'ose l'espérer, parce que, d'après l'ouvrage qu'il a publié sur ce sujet, il faut employer trop de temps pour suivre et exécuter tous les détails de sa méthode! Dans le siècle où nous vivons, on considère que les méthodes les plus simples sont presque toujours les meilleures, et on adopte de préférence celle qui, en employant le moins de temps, peut arriver au même but. Les habitants de Montreuil, qui ne peuvent pas aujourd'hui sacrifier autant de temps pour pouvoir maintenir la sève dans les branches inférieures de leurs pêchers, ne voudront peut-être pas accueillir une méthode qui nécessite une foule de détails et de soins qu'ils ne pourraient donner sans compromettre beaucoup leurs autres cultures ou sans augmenter les frais.

Afin de donner aux personnes étrangères à la culture une idée des désagréments et des disgrâces que causent quelquefois les pêchers greffés sur prunier, je raconterai le fait suivant. Le 15 juillet 1848, je fus appelé pour palisser deux pêchers; l'un était exposé au midi, c'était une Madeleine de Courson qui n'avait pas un fruit; l'autre un brugnon violet, chargé d'une grande quantité de fruits et exposé au couchant; je cherchais à m'expliquer la cause de la différence que présentaient ces deux arbres, qui me paraissaient jouir d'une bonne santé, et dont l'un, moins bien exposé, avait beaucoup de fruits, tandis que l'autre n'en avait pas, lorsque le propriétaire me demanda comment il se faisait que ces deux arbres qui montraient du fruit tous les ans ne pussent l'amener à terme; ce fruit tombait toujours avant sa maturité. Je pris de suite un outil, je visitai les premières racines qui se présentèrent, et je m'aperçus que l'arbre était greffé sur prunier, et lui expliquai de suite la cause de cette anomalie. Je lui dis que comme la végétation du prunier se terminait de bonne heure, le pêcher n'ayant plus de sève ne pouvait plus alimenter ses fruits, qui étaient obligés de quitter l'arbre. En effet, la végétation de ces deux arbres était totalement suspendue. Je lui conseillai de donner à ses arbres de copieux arrosements, parce qu'il n'y avait que ce moyen-là pour conserver les fruits jusqu'à leur maturité, et, de plus, à la condition qu'il ne fouillerait pas au pied pour faire un bassin. Je lui en pratiquai un de suite, pour lui faire voir comme on devait y procéder; car, en faisant un bassin comme d'habitude, on ne peut manquer de mutiler les racines et d'accélérer la chute des fruits, tandis qu'en amenant de la terre de la superficie avec une ratissoire, et en formant un cercle à 2 mètres de l'arbre, on peut vider dans cet espace une douzaine d'arrosoirs d'eau qui entre dans la terre, qui va raviver, humecter et rafraîchir les racines. Si l'on veut que la fraîcheur se conserve un peu plus longtemps et résiste à l'action du soleil, on répandra dans ce cercle un peu de paille, du fumier aux trois quarts pourri, ou autres matières. Plus on maintient la fraîcheur, plus les fruits sont gros et d'une saveur agréable, et en même temps plus l'arbre acquiert de force pour se défendre contre la chaleur du soleil, et former ses boutons à fleurs pour l'année suivante.

IV. DU RÉTABLISSEMENT DES PÊCHERS ABANDONNÉS.

Lorsque des pêchers ont été pendant plusieurs années abandonnés sans être taillés, les jardiniers ont assez l'habitude de les receper pour leur faire pousser du jeune bois avec lequel ils ont l'intention de les rétablir et d'en faire de bons arbres. Leur intention est parfaitement bonne quoique un peu violente, car le recepage ne réussit pas toujours, surtout si les pêchers sont greffés sur prunier. Pour rétablir des pêchers par le recepage, on ne peut, en supposant que l'opération ait un plein succès, obtenir quelques fruits que la deuxième année et en très-petite quantité. Ce n'est donc que la troisième année qu'on peut compter faire une récolte un peu abondante. Ce temps paraît long à celui qui est obligé d'attendre; il est un moyen que j'ai mis en usage et qui, à mon avis, apporte une modification importante dans l'art de rétablir les pêchers. Quoique abandonnés pendant plusieurs années, ces arbres ont continué à pousser; le désordre est grand, mais il n'est pas sans remède. Ainsi donc, après avoir fait l'inspection de mes pêchers, je débarrasse un peu les branches qui s'allongent sur le devant en les attachant avec des osiers, afin de ne pas les maltraiter. Si ces arbres ont été traités précédemment d'après un système quelconque, je saisis les branches principales que je nettoie de leurs vieilles écorces gercées, et je les attache au treillage d'une manière très-solide au moyen de forts osiers, dont j'ai eu soin de faire provision, en leur donnant la même direction qu'elles auraient dû avoir si les arbres eussent continué à être soignés. Comme la sève se porte toujours aux extrémités des branches, je choisis la plus convenable pour continuer mes premières branches principales et les dresser le mieux possible sans rien supprimer de leur extrémité Car, que l'arbre ait été soigné ou qu'il ne l'ait pas été, le bourgeon que j'ai adopté pour former l'extrémité de la branche mère devra être lui même terminé par un bouton ou œil parfaitement conditionné. C'est pourquoi je me garde bien de rien retrancher de l'extrémité de ce rameau qui doit être garni dans sa longueur de plus ou moins de faux bourgeons. Je supprime tous ceux de devant et de derrière, non pas au ras de l'écorce comme beaucoup de jardiniers le pratiquent trop souvent, mais je les enlève seulement au ras de leur talon. Ce bourgeon ou rameau terminal doit être garni de boutons à fleurs qui ne sont pas encore bien apparents.

Ensuite je choisis parmi les branches inférieures celles qui peuvent le mieux convenir pour me servir à former des bras inférieurs ; je fais en sorte que ces bras soient terminés aussi par un rameau poussé dans l'année et des plus vigoureux. Je palisse ces rameaux également sans les tailler, c'est-à dire sans les raccourcir par l'extrémité, parce que je veux que ma branche soit terminée par un œil que je ne puis rencontrer que tout à fait à l'extrémité. Le bourgeon qui sortira de cet œil terminal doit nécessairement pousser droit et être fixé de bonne heure dans la direction que je lui ai indiquée par la position plus ou moins horizontale de la branche qu'il termine ; ce bourgeon terminal doit être également garni de faux bourgeons dans toute sa longueur; je supprime tous ceux de devant et de derrière de la manière que je viens d'indiquer. Ce rameau doit être, aussi bien que celui de la branche mère, garni d'une bonne quantité de boutons à fruit.

Je procède alors à la taille et au rapprochement de tous les rameaux qui garnissent le dessus et le dessous des membres que j'ai mis en place; je me rapproche autant que possible des branches mères et secondaires en ménageant tous les rameaux forts ou faibles qui se trouvent les plus voisins d'elles et sur lesquels j'asseois ma taille plus ou moins allongée suivant que les suppressions que je suis obligé de faire sont plus ou moins considérables ou vigoureuses. Je conserve quelques-uns des plus beaux rameaux et les plus garnis de boutons à fruits que je palisse dans toute leur longueur seulement, dans l'intention d'en obtenir les fruits. S ils végétaient un peu trop fort, je les corrigerais par le pincement pendant l'été. Il est très-probable qu'il sortira quelques bourgeons à leur partie inférieure au moyen desquels je pourrai les remplacer. J'ai soin de ménager tous les petits bouquets fruitiers qui se rencontrent dans toute l'étendue de l'arbre, où ils doivent se trouver en assez grande quantité, car c'est ordinairement sur les arbres abandonnés qu'ils sont plus nombreux. Je protége jusqu'aux faibles brindilles et rudiments de bourgeons prédisposés à entrer en végétation, parce que les productions faibles en apparence doivent devenir, après le premier mouvement de la sève, dans le courant de l'été, d'excellentes branches fruitières qui me seront d'un grand secours pour garnir les lacunes laissées par la suppression des branches défectueuses et inutiles.

Les deux parties inférieures de mon pêcher ainsi disposées, je m'occupe de la partie supérieure ou du centre de mon arbre. Je tâche de créer un membre de chaque côté à peu près semblable à ceux de dessous. Je n'ai pas besoin pour cette opération d'une forte branche ; au contraire, je choisis parmi celles faibles un rameau le plus sain possible; je le dresse, si je le puis, dans une direction semblable à celle de la branche mère. Je ne le taille pas non plus, car, quand je le voudrais, il ne serait pas possible d'y trouver un seul œil où on pût asseoir la taille : mais comme ce rameau doit être terminé par un bouton, je le palisse dans toute sa longueur. Quoiqu'il soit maigre, il prendra toujours assez d'embonpoint à cause de la place avantageuse qu'il occupe. Et comme il ne peut manquer de sortir un beau bourgeon de son œil terminal, je le palisse de bonne heure et le fixe solidement suivant la ligne droite qui lui est assignée.

Je choisis parmi les branches à supprimer un couple de rameaux, les mieux constitués, les plus rapprochés de la mère branche, que je fais passer sous les deux bras du centre, afin de garnir un peu le milieu de mon arbre. Je les palisse sans les tailler pour obtenir le plus de fruits possible, avec l'intention et le soin de les ébourgeonner sévèrement et de les pincer de manière qu'ils ne consomment que la sève nécessaire à leur existence et à la nourriture de leurs fruits. De cette manière je protégerai les moindres productions qui apparaîtront dans le voisinage du talon de ces rameaux. Je supprime tout le reste en me retranchant toujours sur les moindres productions les plus rapprochées de la mère branche. S'il ne se trouve rien sur lequel je puisse m'appuyer, je taille également sur vieux bois, à 12 à 15 centimètres des mères branches, parce que j'ai encore l'espoir qu'il percera quelque chose sur cette taille ou à son talon. Je préfère encore, si je n'obtiens rien, avoir fait une taille assez éloignée qui ne peut aucunement porter préjudice à la mère branche, plutôt que d'avoir démonté cette branche presque ras de l'écorce et fait une large plaie qui fatigue toujours la partie où elle a été pratiquée. Mais si il ne me perce rien, je coupe cet onglet non pas au ras de l'écorce, mais environ à 3 centimètres du corps de la mère branche, afin de ne l'altérer en aucune manière.

Quoi qu'il en soit, il me reste encore une ressource dans le cas où la sève s'obstinerait à ne donner aucune production et qu'un vide serait inévitable dans cet endroit. Je puis, en temps convenable, placer une ou deux greffes ou écussons avec des yeux parfaitement constitués, et dans la même année j'aurai plus qu'il ne me sera nécessaire pour bien remplir ce vide.

Il arrive assez souvent, par exemple, en 1848, que des bourgeons sortent spontanément soit sur des branches charpentières soit sur le corps de l'arbre même dans des situations où on serait loin de les attendre. On pourrait distinguer ces productions, ainsi que le fait M. d'Albret, dans son excellent ouvrage sur les poiriers, sous le nom de *bourgeons adventifs*. Or la suppression d'une aussi grande quantité de branches causerait certainement une grande révolution dans la marche habituelle de la sève, qui a l'habitude de monter librement dans toutes ces branches ; mais comme cette suppression est faite dans une saison où elle n'est pas encore en mouvement et qu'il reste encore assez de branches pour qu'elle puisse toujours s'introduire en assez grande quantité pour entretenir l'activité de la première impulsion, aider à organiser et pousser au dehors les productions qui doivent incessamment regarnir toutes les parties de l'arbre, c'est le moment d'être très-vigilant pour supprimer ras de l'écorce tous les bourgeons inutiles, qui sont, par leur position, incapables d'être employés, en protégeant, par tous les moyens possibles, ceux qui sont sortis dans des positions favorables. Cette surveillance est de tous les jours, parce que la sève doit avoir une grande activité.

Il y a des bourgeons qui ont un empattement bien constitué qui promet un accroissement considérable en peu de jours, et, s'ils n'étaient surveillés, ils consommeraient une quantité de sève en pure perte et au préjudice de leurs voisins ; s'ils sont utiles, on doit les conserver soigneusement en les maintenant d'abord avec un jonc, si c'est un treillage, mais sans le serrer autrement ils se rompraient, et en leur faisant prendre peu à peu l'inclinaison qu'on veut qu'ils reçoivent ; car, dans une opération de ce genre, les bourgeons sont d'autant plus tendres que la sève est abondante et active, surtout si elle est favorisée par la chaleur, et si l'on apportait de la négligence à l'égard de ces excellents bourgeons, on serait exposé à les voir décollés par le vent. Plus un bourgeon pousse avec force et plus aussi le vent a de prise sur lui. Ce serait un inconvénient d'autant plus grave qu'on perdrait une occasion favorable de rétablir une partie de l'arbre.

Tous les bourgeons qui sortent sur le devant ou sur le derrière de l'arbre doivent être tous supprimés ; or parmi ceux que l'on conserve sur le côté des mères branches, il en est de trop ambitieux qui doivent être pincés à deux feuilles, afin d'économiser la sève au profit des faibles qui sont dans leur voisinage et dans une position moins avantageuse. Les bourgeons des extrémités des branches principales ont besoin d'être surveillés de près afin que le vent ne les tourmente pas. A mesure qu'ils s'allongent j'ai soin de les attacher non avec du jonc, mais avec de jeunes brins d'osier fraîchement coupés qui ne peuvent en aucune manière blesser l'écorce naturellement fort tendre dans le moment. — Je palisse aussi avec grand soin les faux bourgeons qui naissent sur le côté des bourgeons terminaux, parce que je sais que l'année prochaine ils seront parfaitement garnis de boutons à fleurs, et que c'est presque toujours ces bourgeons qui nous donnent les plus beaux fruits, favorisés qu'ils sont par leur position très-aérée et leur excellente position pour recevoir toutes les bienfaisantes influences des pluies et du soleil.

J'ai l'attention aussi de planter quelques tuteurs à une certaine distance du mur, pour y fixer l'extrémité des branches inférieures, afin qu'elles puissent prendre de la force pour marcher de front avec les branches mères. Je veille à ce que le tuteur qui supporte le bourgeon terminal, soit assez haut pour pouvoir donner à celui-ci une position tout à fait verticale, afin que la sève acquière plus de tendance à s'y porter pour pouvoir faire acquérir à cette branche inférieure une force au moins égale à la mère branche et même la surpasser ; car le bas d'un pêcher, je le répète, ne peut jamais être trop garni, et quand il l'est trop, comme cela arrive quelquefois et ainsi que j'en pourrais donner des exemples dans ce moment, j'emploie divers procédés pour faire stationner la sève dans la partie de l'arbre qui est la moins favorisée et dans le but de faire voir aux personnes qui portent quelque intérêt à la culture du pêcher qu'on peut, avec quelques soins, obliger un pêcher à pousser vigoureusement dans une partie où, pour l'ordinaire, les arbres de Montreuil sont presque toujours dénudés.

Si je suis obligé d'employer la scie à main, je ne m'en sers qu'avec une grande circonspection, car les plaies fatiguent toujours les arbres, et surtout les pêchers. Au lieu de couper ras l'écorce comme le font les meilleurs praticiens, j'établis une coupe à 5 millimètres environ au-dessus du niveau de la branche charpentière dans la crainte de l'endommager et afin que la plaie soit moins large. Cette plaie a plus de facilité alors pour pouvoir se recouvrir. J'ai soin de rafraîchir avec une serpette bien tranchante, et je recouvre de suite avec de la matière à greffer qui ne soit pas trop chaude, afin de ne pas brûler l'écorce, ainsi que cela arrive trop souvent.

On voit par ce procédé que le propriétaire peut avoir de suite des arbres qui, soignés ensuite convenablement, sont tout disposés à ne pas le laisser manquer de fruits.

Mon travail terminé, je tends un cordeau pour donner à la plate-bande la largeur qu'il convient ; j'exécute un léger piochage au terrain de 5 centimètres environ, seulement pour l'ameublir et l'ouvrir un peu à l'influence des pluies et des rayons du soleil, et afin que, après avoir été durcie et battue par les pieds, la terre, mûrie par l'air et le soleil, devienne douce et permette aux pluies de descendre jusqu'aux racines ; mais je me garde bien de donner de labour, afin de ne pas maltraiter ou éventer ces racines.

Si les arbres qu'il s'agirait de rétablir étaient plantés le long d'un mur disposé pour le palissage à la loque, alors au lieu de me servir d'osier, je serais obligé d'avoir de forts clous à crochets dont je me servirais pour pouvoir dresser les branches charpentières, en les enfonçant partout où il se trouverait des coudes à faire obéir, mais avec la précaution de garnir l'intérieur du clou qui embrasse la branche avec du drap en double, afin que l'écorce ne se trouve pas blessée par le fer. Il faut avoir des clous de plusieurs forces et des morceaux d'étoffe solide à proportion de la roideur et de la grosseur des rameaux qu'on prétend redresser. Il faut encore avoir l'attention en frappant les clous qu'ils ne touchent pas du tout à la branche, afin de ne pas la meurtrir, l'écorcher ou l'endommager en aucune manière.

Des amateurs de la culture du pêcher, qui ont même fait des ouvrages très-instructifs sur ce végétal, ont avancé que le palissage à la loque était plus expéditif que celui au treillage, mais ils sont dans l'erreur ; s'ils avaient pratiqué ce palissage à la loque, ils auraient pu s'apercevoir qu'il faut plus de temps pour chercher ou prendre un clou, choisir une loque, envelopper le bourgeon sans engager la feuille la plus voisine et frapper le clou, que pour tirer un brin de jonc qui se trouve toujours tout prêt, le passer autour du bourgeon et tourner trois tours de doigt, qui sont l'affaire d'un instant. Un habile jardinier peut, sans exagération, débiter une fois plus d'ouvrage au palissage au jonc qu'il ne pourrait faire à la loque, malgré la meilleure volonté du monde.

Le palissage à la loque pourrait peut-être paraître plus expéditif en ce sens que les Montreuillais enveloppent trois ou quatre bourgeons avec une loque et les attachent ainsi pour abréger l'ouvrage ; mais ce n'est plus un palissage, c'est un attachage, et quoique la besogne ne soit pas absolument mauvaise, elle n'est pas faite d'après les principes reçus en horticulture, puisqu'il n'est pas d'horticulteur qui ne sache que les bourgeons d'un arbre doivent être fixés seuls et à des distances établies les plus régulières possible entre elles. Il est bien reconnu aussi que le palissage à la loque est toujours plus régulièrement fait, qu'il est plus facile de placer, diriger, dresser les bourgeons sur un mur nu, où l'on n'éprouve aucune contrariété pour faire entrer le clou ou pour donner plus ou moins d'inclinaison au bourgeon, lequel, une fois bien fixé, ne peut plus être dérangé par l'effort des vents; la muraille étant parfaitement unie et les bourgeons pour ainsi dire collés à cette muraille, ils ne peuvent manquer de former un admirable tapis de verdure encore embelli par des fruits de variétés plus ou moins grosses, plus ou moins colorées qui commencent à se montrer à travers le feuillage et attendent que la main du jardinier ôte quelques feuilles pour que le soleil achève de leur donner leur brillant coloris et leur saveur délicieuse.

Mais, d'un autre côté, le palissage au treillage, quoique moins strictement régulier à cause de l'éloignement des montants, a aussi ses avantages et un mérite qui est tout en faveur du pêcher; car la distance qui sépare les branches de l'arbre au mur empêche qu'elles ne soient altérées par la réflexion et la chaleur du soleil sur la pierre ou le plâtre, et le peu d'air qui circule constamment entre ce mur et les branches leur est très-favorable. Les fruits ont aussi plus d'espace pour grossir, et il en est qui, en naissant sur de petits bouquets, se trouvent par leur position portés par les traverses, d'autres qui auraient été gênés par la trop grande proximité de la muraille et peuvent augmenter de volume à leur aise. On peut avec un treillage ajuster des couvertures mobiles pour préserver les fleurs des injures du mauvais temps; ce que l'on ne peut faire avec le palissage à la loque, puisque dans celui-ci les fruits se trouvent tous nécessairement placés en avant, et que le cultivateur ne peut quelquefois pas profiter de certains petits bourgeons, qui se trouveraient très-favorablement placés s'ils étaient sur un treillage pour obtenir quelques beaux fruits. Tout ce qu'on pourrait faire, dans ce cas, pour favoriser quelques fruits qui se trouveraient gênés, c'est de retirer plusieurs clous et de passer derrière la branche quelque corps solide entre le mur et la branche, pour lui donner de la place et l'empêcher de toucher à la muraille; autrement les fruits seraient déformés.

Lorsqu'on ôte des feuilles pour découvrir les fruits, il ne faut pas exposer ceux-ci au soleil instantanément, mais peu à peu et à quelques jours de distance, afin de ne pas les rendre susceptibles d'être tachés par ses rayons. Il ne faut pas non plus arracher les feuilles, ainsi que plusieurs l'indiquent, mais, autant que possible, les couper avec la pointe de la serpette, soit par la moitié ou autrement, suivant qu'il est nécessaire pour que le fruit soit tout à fait découvert, mais toujours de manière à ce que le pétiole demeure. On ne peut pas arracher de feuilles soit au pêcher ou à tout autre végétal, qu'on ne détruise ou au moins qu'on n'affaiblisse beaucoup le principe naturel de la formation des boutons, ou gemmes, qui correspondent à ces mêmes feuilles, car c'est par elles que les yeux à bois et à fleurs reçoivent leur nourriture, et on ne peut les arracher sans en priver ceux-ci Si l'on ôte les feuilles, il faut au moins tâcher de conserver le pétiole.

Au moment où l'on commence à découvrir les pêches les arbres végètent avec force, il est donc nécessaire de les surveiller attentivement, avoir le soin de pincer les bourgeons qui paraissent vouloir pousser avec trop de vigueur, réformer les faux bourgeons du devant et du derrière, les bourgeons de prolongement des mères-branches, et enfin terminer le palissage des parties supérieures des arbres, ainsi que des plus forts bourgeons des parties inférieures, mais laisser encore quelque temps les bourgeons de moyenne force et ceux faibles afin qu'ils se fortifient.

Le pincement et l'ébourgeonnement doivent être pratiqués avec des outils très-affilés, comme petites serpettes, greffoirs, etc.; et j'ai peine à concevoir que des hommes d'esprit et de talent indiquent ou recommandent d'arracher, de pincer, d'éborgner avec les ongles. On a déjà assez de difficulté pour élever et dresser de beaux pêchers, sans concourir à leur destruction immédiate ou future en leur faisant endurer de mauvais traitements. On ne peut d'ailleurs arracher un bourgeon sans qu'il se forme à sa place une cavité plus ou moins profonde, plus ou moins large, suivant que le bourgeon a un empattement plus ou moins considérable. Si le bourgeon arraché avait des dispositions à devenir une branche ambitieuse, si c'est un de ces bourgeons qui naissent spontanément dans des points où l'on n'a pas lieu de les attendre, on observe qu'ils laissent tous après eux une cavité large et profonde qu'il faut cependant que la séve répare incessamment. Si le bourgeon eût été enlevé raz de l'écorce, l'air et le soleil ne pouvant plus dessécher l'intérieur de cette cavité, la plaie se fût recouverte bien plus facilement. Il y a même un écrivain qui a avancé qu'il était dangereux de faire l'opération du pincement avec un outil tranchant, mais je ne me suis jamais aperçu que la serpette ou le greffoir ait endommagé les rameaux soumis au pincement ou à l'ébourgeonnement. Il y a même des personnes qui indiquent de se servir de ciseaux pour effeuiller ou découvrir les pêches, et je connais de bons praticiens, des hommes qui professent la culture du pêcher avec distinction, et qui ne se servent de serpettes dans aucune de leurs opérations; je crois même que, s'ils savaient greffer, ils grefferaient avec un sécateur! Nous autres jardiniers, nous sommes plus circonspects ou moins instruits, car nous n'osons pas nous servir de sécateur parce que nous avons cru nous apercevoir que les opérations faites avec cet instrument n'étaient jamais bien nettes, ni faites convenablement, et ne se recouvraient que bien rarement; cependant, comme avec le sécateur on débite beaucoup de besogne en peu de temps, cet outil est devenu l'outil de prédilection, l'outil par excellence. Pour peu qu'un individu ait la prétention d'être jardinier, il faut, de toute nécessité, qu'il ait au moins un sécateur dans la poche de son tablier; quelquefois il en a deux, un fort pour les grands travaux et un plus faible pour les petits, et c'est avec cet instrument que l'on s'en va le long des espaliers rognant, compassant, ébourgeonnant les pêchers, à tort ou à raison; mais je crois que, d'ici à peu de temps, on s'apercevra des abus qu'on aura fait du pincement et du sécateur.

On veut absolument obtenir beaucoup de ramifications, on aime la confusion, on ne préfère que les petits bourgeons et beaucoup de bifurcations; or, toutes ces productions n'amènent que le désordre et exigent des soins très-assidus, et qui ne peuvent convenir qu'à des praticiens théoriciens qui, ayant de la fortune, donnent tout leur temps à une culture aussi minutieuse, et sans être animés du désir de voir leurs travaux couronnés de succès.

J'ai toujours vu qu'il croissait assez de brindilles sur les pêchers, sans en faire naître encore dont on n'a pas besoin; on a besoin de trois choses dans les pêchers, de beaux bourgeons terminaux ou de prolongements, de branches ou rameaux fruitiers, et surtout de bourgeons de remplacement pour succéder aux rameaux fruitiers aussitôt qu'ils auront rapporté leurs fruits. Voilà sur quoi repose tout le matériel du travail et des soins à donner au pêcher: mais dans tout cela il ne faut pas de confusion; il convient que chaque production y soit à une distance raisonnée de l'autre, et il n'est pas utile de conserver trois ou quatre bourgeons dans une place où un seul est nécessaire; seulement on doit toujours avoir soin que les plaies ne s'aperçoivent pas, quoique l'on ait toujours pour principe de se rapprocher jusque sur la branche-mère. Quoiqu'un pêcher soit déjà vieux, il doit toujours paraître jeune; on ne doit apercevoir sur lui ni plaies, ni cicatrices, ni chicots, ni onglets, toutes choses nuisibles à la santé de l'arbre et fort désagréables à l'œil de l'observateur.

Il y a des personnes qui montrent de l'indécision au sujet de certains yeux terminaux qui sont souvent composés, c'est-à-dire qui renferment et développent trois bourgeons; elles craignent qu'en laissant subsister le plus fort il ne prenne trop d'empire; s'il s'en présente trois, il faut en supprimer deux, et toujours conserver le plus fort, qui, ordinairement, est celui du milieu; mais, au lieu d'arracher ou d'éclater les deux autres bourgeons, il faut les couper avec la pointe de la serpette à une ou deux feuilles au-dessus de leur insertion. Dans ce cas il se formera une espèce de nodosité au talon du bourgeon conservé qui lui donnera de la solidité, et à ce même talon il naîtra des groupes de boutons à fleurs pour le printemps suivant. Il serait même possible qu'il s'y formât un ou deux petits bouquets, que l'on doit soigneusement conserver dans toute leur longueur, quoique quelques écrivains recommandent de les jeter bas, ou de les tailler à un œil, que le plus souvent ils n'ont pas.

Le village de Saint-Mandé, entre Paris et Vincennes, est assez connu;

tous les terrains qui avoisinent la barrière du Trône, y compris Picpus et Saint-Mandé, sont des sables mêlés d'un gravier très caillouteux. M. le comte de Cessac avait une jolie propriété à Saint-Mandé, et comme il était amateur, surtout de pêchers, il fit construire des murs à peu près comme ceux de Montreuil; il existait déjà dans son jardin quelques espaliers usés, mais qui n'étaient pas de nature à l'encourager beaucoup. Toutefois, il avait eu le bonheur de se procurer un jardinier habile, qu'il chargea des travaux de terrassement et de plantation, mais qui ne pût pas s'aventurer à faire des tranchées le long des murailles, le terrain étant peu solide. En conséquence, il fit des trous assez spacieux et très-profonds, et, malgré la légèreté du sol, qui est extrêmement siliceux, les jeunes pêchers firent merveille. Au bout de trois ans, les cultivateurs de Montreuil et des environs venaient voir la végétation extraordinaire de ces arbres; cependant ce jardinier ne traitait pas ses pêchers comme on fait à Montreuil, il voulait que ses arbres couvrissent entièrement ses murs. Au bout de cinq ans ses pêchers portaient 10 à 12 m. d'étendue, mais il n'y avait que deux lignes d'espaliers très-bien aérés et exposés au levant; c'était un fort beau coup d'œil de voir une végétation aussi énergique dans un sol aussi aride; il y a plus, c'est que les branches inférieures étaient tellement vigoureuses, que ce jardinier imagina de placer des pots en terre et de marcotter les branches de ses pêchers (bien entendu qu'elles étaient incisées). L'année suivante il servait à son maître des pêchers francs de pied, avec des fruits dessus pour l'ornement de sa table!

Cet exemple nous fait voir qu'on peut avoir de très-beaux pêchers dans un sol peu substantiel; que la prospérité du pêcher dépend presque toujours de celui qui leur donne des soins; qu'on peut donner au pêcher toutes sortes de formes sans aucun inconvénient, qu'il se prête volontiers à toutes celles qu'on veut lui faire adopter; mais, en même temps, il faut que le praticien qui leur donne ces soins soit bien familiarisé avec cet arbre, qu'il en ait fait une étude toute particulière; qu'il sache, en taillant une branche ou en coupant un bourgeon, le résultat qu'il en obtiendra, car il ne s'agit pas de torturer un arbre, ni de le violenter, pour le faire prospérer, et lorsqu'un habile jardinier connaît parfaitement ce que l'on peut appeler la physique du pêcher, la propension constante de la sève à s'élever, il peut, sans s'exposer à faire des plaies, ni employer de courbures, arriver à dompter son arbre, et en obtenir quelquefois des résultats étonnants. Mais c'est là un résultat qu'on n'obtiendra jamais par l'abus des moyens qu'on emploie dans certains établissements, où l'arbre est continuellement tourmenté par le sécateur, ou des mutilations journalières refoulent la sève dans les racines, paralysent son action, en contribuant au resserrement de l'écorce et à l'amaigrissement des rameaux fruitiers, et de toute la charpente qui, amenée ainsi à un état aflamé, ne donne plus que des pousses maigres, un feuillage pâle, où la végétation s'arrête de bonne heure, triste avant-coureur de la fin du sujet.

Chez M. de Praslin on ne mutilait pas les arbres, et M. Sieulles, son jardinier, avait les plus beaux pêchers de la France et peut-être de l'Europe. Il en élevait même sans tailler les extrémités, qui étaient d'une grande régularité; ces pêchers-là n'étaient guère tourmentés, et cependant ils faisaient des progrès que les amateurs et les praticiens ne pouvaient se lasser d'admirer. Ces arbres avaient plus de vingt-huit ans d'âge, et promettaient bien de vivre encore plus de vingt-huit ans. Au temps dont je parle on ne se servait pas de sécateur.

M. Roger Scabol est un des hommes qui s'est le plus occupé de la culture du pêcher; ses ouvrages en font foi. Il avait établi une petite catégorie des différentes branches du pêcher et leur avait donné chacune un nom par lequel il les distinguait. Il était très-difficile pour le travail, mais avait le malheur de n'être pas habile praticien; mon père, qui a travaillé avec lui, nous parlait souvent des habitudes minutieuses qu'il affectait et qui ne convenaient pas toujours aux jardiniers. Il visitait les lames des serpettes de ses élèves pour s'assurer qu'elles étaient très-propres et très-tranchantes. Le roi Louis XV l'avait pris en grande considération et chargé de la plantation de ses jardins de Choisy-le-Roi, lui promettant en badinant, s'il réussissait, de le nommer chancelier. Scabol fit la plantation et ne réussit pas. Par conséquent il ne fut pas chancelier. Cet horticulteur s'était aussi beaucoup occupé de la culture des champignons comestibles. Il avait beaucoup écrit sur ce végétal, ce qui prouve qu'il avait la passion de l'horticulture. Car à l'époque où il écrivait, la culture des champignons comestibles était encore dans l'enfance, ainsi que celle du pêcher.

Une calamité qui afflige le pêcher à la suite des mauvais traitements, c'est certainement celle de l'envahissement de l'insecte connu sous le nom de *punaise*, qui paraît d'abord sous une forme un peu allongée et aplatie sur l'écorce des mères branches et à l'ombre du côté de la muraille, puis grossit, s'arrondit, se remplit d'une liqueur rouge, plus tard se dessèche après avoir répandu partout sa progéniture. Lorsqu'il est desséché, la matière que contient l'insecte est blanche, assez semblable à de la farine, et si l'on n'y apporte pas remède la colonie multiplie promptement au point que non-seulement les grosses branches, mais celles de l'année en sont couvertes ainsi que les feuilles. Ces insectes pompent la sève de l'arbre à travers l'écorce, et leurs excréments, liqueur visqueuse qu'ils répandent sur les feuilles et sur la muraille comme une peinture noire, attirent les fourmis, qui en sont très-friandes, en quantité considérable. Tourmenté encore par les mouvements réitérés et les courses continuelles de ces derniers insectes, l'arbre périrait infailliblement si l'on n'allait à son secours.

Je me suis trouvé dans ce cas à Bagneux près Paris. J'avais beaucoup de pêchers à soigner, à l'exception d'un seul, une bourdine qui avait été attaquée par la gelée en 1819. L'hiver avait été dur, il avait gelé pendant huit jours de treize degrés et demi à quatorze; mais ce dernier pêcher seul en avait été atteint. Comme la punaise n'attaque jamais que les individus souffrants et déjà malades, celui-ci se couvrit inopinément de ces insectes. Avant de le tailler, je mis dans une chaudière qui contenait deux seaux une poignée de feuilles de tabac et deux fortes poignées de rhue (*ruta graveolens*); je fis bouillir pendant un quart d'heure et laissai refroidir; au bout de quelques jours j'emportai la chaudière avec moi, je dépalissai l'arbre entièrement, le penchai un peu en avant avec deux petites fourchettes appuyées au mur afin de pouvoir passer derrière. Je me munis d'un couple de brosses à queue de petite dimension et pointues, afin de pouvoir les introduire dans les angles que forment les branches entre elles, et brossai ainsi mon arbre avec mon eau de rhue qui répandait une odeur nauséabonde. Je le laissai en cet état jusqu'au lendemain, où je vins avec ces arrosoirs et le lavai complétement pardessus avec de l'eau fraîche et très-propre. Plus tard, je ne revis plus le moindre vestige d'insectes.

Il ne s'agit pas de gratter le corps de l'arbre avec un couteau de bois pour faire tomber les insectes, c'est un mauvais expédient qui ne nettoye pas la peau ou l'écorce des branches, mais peut bien les blesser : en détruisant la punaise, on détruit en même temps la fourmi, puisqu'elle ne vient sur le pêcher que pour se nourrir de ses excréments. Une fois l'arbre lavé tel que je l'indique ici, on ne voit plus ni punaise ni fourmi, et il est facile de concevoir que l'odeur nauséabonde de la rhue et des feuilles de tabac ne peut guère convenir à la fourmi qui aime beaucoup le sucre ou au moins les matières sucrées.

Puisque je viens de parler des fourmis, il est un moyen de s'en débarrasser qui est fort simple, mais qui peut ne pas plaire à beaucoup de personnes. Ce moyen est peu pratiqué parce qu'il n'est pas connu ; je l'ai déjà décrit dans le *Journal de Flore et Pomone* ou dans celui d'*Agronomie pratique*, où je disais que quand un propriétaire est disposé à se débarrasser des fourmis, le moyen le plus simple et le plus certain consistait à épargner la vie des crapauds au lieu de les détruire, comme cela se pratique partout. Je sais bien que cet animal est généralement détesté et qu'on le détruit partout où on le rencontre. Non pas qu'on ait à se plaindre des dégâts qu'il commet, mais parce qu'il a une physionomie repoussante. Quelques praticiens l'accusent de manger les fraises, ce serait un crime de sa part si le fait était prouvé; mais il faudrait au moins qu'il eût été pris en flagrant délit; or je n'ai jamais eu l'occasion de voir rien de semblable de sa part, et cependant je l'ai quelquefois observé très-attentivement; car ce n'est qu'en faisant des observations qu'on peut s'expliquer.

J'étais inquiet de savoir de quoi se nourrissait le crapaud qui, doué de peu d'agilité, ne me paraissait pas capable de pouvoir attraper sa proie à la course. Je décomposai donc ses excréments et ne fut pas peu surpris de trouver une très-grande quantité de fourmis, de perce-oreilles, et plusieurs espèces de petits scarabées dont on distinguait encore les têtes et les pinces; tout cela était lié avec une espèce de ciment ressemblant assez au mastic des vitriers. J'ai vu aussi, quand il fait de l'humidité, les crapauds s'approcher des limaces et les avaler très-habilement, et depuis ce temps-là je protége ces animaux, parce que j'en connais l'utilité. Aussi plusieurs personnes ayant observé que je n'avais pas de fourmis dans mon jardin, je leur dis le motif, elles m'ont imité et s'en sont bien trouvées : ainsi, en épargnant les crapauds, on peut facilement se débarrasser des fourmis.

On a aussi la mauvaise habitude de détruire les lézards qui habitent dans les trous des murs d'espaliers, ces petits animaux aussi ne vivent que d'insectes nuisibles, et il y aurait beaucoup d'observations semblables à faire. Il paraîtrait aussi, d'après une observation qui m'est propre, que la salamandre noire sort souvent de l'eau pour aller à la recherche des limaces et les dévore.

Les limaçons sont des animaux excessivement destructeurs dans les jardins ; ils mangent les pêches avant même qu'elles soient mûres, s'attachent surtout de bonne heure à celles lisses et aux brugnons qu'ils attaquent même avant qu'elles soient à moitié de leur grosseur lorsque le jardinier néglige de les rechercher avec activité.

Le hérisson est un animal qui habite les forêts et les parcs des châteaux, c'est un animal très-paisible qui ne détruit rien d'utile à l'homme, et cependant on l'accuse de diverses déprédations dont il est parfaitement innocent ; on dit qu'il mange les pommes, qu'il a même l'instinct de se rouler dessus pour enfoncer ses épines dans les fruits, de s'en charger ainsi et de les emporter. Ce sont autant de contes faits à plaisir pour justifier leur destruction, et en effet on les détruit journellement comme des animaux malfaisants ; cependant, au lieu d'être nuisible, nous avons la preuve que le hérisson rend journellement service à l'agriculture. Cet animal ne vit que de limaçons ; il ne les tire pas de leur coquille par leur ouverture, il les perce par le milieu et s'en rend maître plus facilement, et, ce qu'il y a de particulier, c'est que chaque limaçon qu'il attrape il vient le manger toujours à la même place : aussi trouve-t-on dans les bois des amas de limaçons vidés ainsi au nombre souvent de plus d'un mille au même lieu, sans qu'on puisse soupçonner qui les a apportés là. On a dit et écrit que le hérisson s'enterrait dans les feuilles pour passer l'hiver sans manger et qu'il ne se réveillait qu'au printemps : il est vrai qu'il se construit un logement avec des feuilles, mais c'est seulement pour lui servir d'abri contre le froid et les injures du temps ; car je l'ai surpris en hiver et par un temps clair et doux se fourrant dans les épines et les broussailles et s'occupant à chercher sa nourriture. Les hérissons sont assez souvent deux ensemble enterrés dans les feuilles ; mais quand vient le printemps ils font de plus longues courses, et surtout la nuit se promènent dans les vignes et le long des espaliers, où ils trouvent aussi les limaçons en promenade dont ils font leur pâture. Dans les villages où il y a des vignobles, les chasseurs sont quelquefois trompés lorsqu'ils vont à l'affût, parce que le hérisson se promenant et l'obscurité leur empêchant de distinguer, ils tuent un hérisson pour un lapin : au lieu de détruire à plaisir cet animal, on devrait le protéger et même le multiplier s'il était possible ; car il ne nuit en rien et devient d'une grande utilité dans les grands jardins voisins de Paris ou dans les bois où il pourrait se retirer.

L'époque de l'opération de la taille du pêcher a souvent été un objet d'un débat entre les personnes qui s'occupent de cette culture. Beaucoup ne l'entreprennent que quand l'arbre est en pleines fleurs. C'est un ancien préjugé tellement enraciné que même encore aujourd'hui il a beaucoup de partisans : cependant il est tout naturel de tailler dès le premier temps doux du mois de janvier et de continuer en février. Les pêchers alors commencent à montrer leurs boutons à fleurs, et on peut plus facilement travailler sans aucune crainte de faire tomber les fleurs ou les ébranler. Il y a aussi économie de temps et de sève : si l'on attend pour tailler que l'arbre soit déjà prêt à fleurir, la sève est en mouvement partout et les branches que vous supprimez sont déjà en végétation ; c'est autant de sève perdue ; d'ailleurs en taillant de bonne heure, les boutons à fleurs sont beaucoup mieux nourris que ceux qui sont conservés par une taille tardive. Si on a quelques retranchements à faire on peut y procéder plus hardiment sans crainte de rien blesser. On peut aussi approcher la coupe près de l'œil terminal, et si c'est du treillage on peut aussi placer ses ligatures plus facilement. Puis quand on aura terminé la taille d'un arbre on pourra placer de suite les couvertures qui lui sont destinées sans endommager les fleurs.

En général la taille des espaliers ainsi que des pêchers en plein vent doit être faite de bonne heure, afin qu'il n'y ait pas de sève de perdue et pour avoir plus de facilité pour placer les abris ou couvertures : j'ai vu tailler des pêchers en novembre et décembre, et on n'apercevait nullement qu'ils en eussent souffert. On m'objectera peut-être qu'à cette époque les boutons à fleurs ne sont pas assez apparents ; mais un jardinier habile n'a pas besoin de voir les boutons à fleurs pour asseoir sa taille ; car dès le mois d'août on distingue très-facilement les yeux à fleurs doubles ou triples et tels qu'ils sont déjà formés à l'insertion des pétioles des feuilles qui les recouvrent en partie ; d'ailleurs dans le cas où on pourrait supposer que l'œil le plus près de la coupe se trouvât fatigué par la gelée, le jardinier pourra sans inconvénient allonger sa taille à un œil plus loin, de manière à n'avoir aucun risque à courir, si ce n'est celui d'avoir un ou deux fruits de plus à récolter, ce qui n'est pas fort désagréable.

Anciennement les jardiniers peu soigneux laissaient subsister une branche gourmande ou ambitieuse pendant une grande partie de l'été sur leurs arbres, et j'ai vu des praticiens habiles de Montreuil qui ne les supprimaient qu'au mois d'août, quelquefois même attendaient le moment de la taille. Oh ! quelle déperdition de sève ! Aujourd'hui on est beaucoup plus réservé et plus attentif ; aussitôt qu'un bourgeon vient de naître il n'est pas difficile de juger ce qu'il peut devenir, et avant qu'il ait acquis seulement 15 centimètres de longueur, le jardinier doit le pincer à deux feuilles ; par cette petite opération la sève qui était destinée à sa formation est obligée, sans aucune violence, de se répartir dans tout le voisinage et se trouve parfaitement utilisée. Roger Scabol disait qu'un gourmand était le signe d'une heureuse fécondité, et cependant il avait lui-même le soin de les supprimer, c'était le signe d'une fécondité de végétation ; c'était le signe d'une fécondité de racines, parce qu'il est très-certain que lorsqu'il se développe un gourmand, n'importe dans quelle position, c'est qu'il s'est aussi développé une forte racine qui envoie la sève nécessaire à l'alimentation ou à la nourriture de cette production. Pour qu'il soit le signe d'une fécondité fruitière, il faudrait qu'il naquît dans un endroit où le cultivateur puisse l'utiliser de suite comme, par exemple, dans une partie quelconque des branches inférieures. Alors on pourrait démonter l'ancienne branche et palisser celle-ci à sa place sans retrancher autre chose que les bourgeons anticipés ou adventifs du devant et du derrière, mais seulement après que celle-ci aura été placée afin de ne rien retrancher d'utile.

Voilà dans quelle circonstance une branche gourmande peut se trouver utilisée ; mais aujourd'hui ces cas-là sont fort rares. On dit aussi que, quand on se décide à conserver un gourmand, il faut le raccourcir par les extrémités pour faire gonfler les yeux du bas et les disposer à être utiles à la taille d'hiver. Je puis assurer qu'il n'est ni nécessaire ni utile de raccourcir ainsi une aussi belle production, quoique les yeux ou gemmes qui garnissent la partie basse du rameau ne soient pas aussi nourris ou paraissent ne pas l'être, ils n'en sont pas moins bien constitués que ceux du haut. Seulement, étant nés spontanément, la fougue de la sève en se portant toujours en avant n'a pas pris le temps de former deux ou quatre, et quelquefois cinq boutons à fruit, mais quand elle est arrivée dans la partie supérieure du bourgeon, sa grande vigueur s'est un peu tempérée : alors elle a été employée à former des groupes de boutons à fleurs, non-seulement sur le corps du gourmand lui-même, mais encore à tous les gemmes qui garnissent les bourgeons anticipés. Les yeux qui sont en bas de ce bourgeon ne donneront pas moins de belles branches fruitières pour l'année suivante, branches qui exigeront un pincement et une surveillance active.

Les faux bourgeons de l'extrémité étant taillés à deux yeux ou à trois, suivant leur position, devront être parfaitement garnis de fruits, parce que la nature n'aura pas oublié de les fournir de tous les matériaux nécessaires à leur fécondation : néanmoins il n'est pas difficile de faire naître un gourmand dans la partie la plus inférieure d'un pêcher, il ne faut que laisser cette partie sans la palisser et pincer sévèrement toutes les productions des parties supérieures, la sève contrariée dans son action reflue dans les couloirs inférieurs et s'y établit de manière à rendre la végétation de cette partie d'une vigueur extrême : de sorte que, s'il arrivait qu'une des branches secondaires inférieures vînt à manquer par un accident qu'on ne peut prévoir, on pourrait de suite la remplacer par une production dans laquelle le cours de la sève est assuré.

Il arrive quelquefois qu'une branche mère ou secondaire cesse tout à coup de végéter. Quand cela arrive, les jardiniers sont dans l'usage de rapprocher, ce qui contribue beaucoup à défigurer l'arbre ; mais il arrive aussi qu'une branche de cette espèce ayant été trop chargée de fruits l'année précédente a perdu sa vigueur ordinaire, que son écorce s'étant resserrée la sève ne peut circuler comme par le passé. Le remède le plus simple pour conserver la régularité de l'arbre et rétablir les cours ordinaire de cette sève, c'est de dépalisser entièrement cette branche, puis, au moyen d'une petite fourchette en bois de la longueur de 30 à 40 centimètres environ qu'on appuie au mur par l'extrémité et embrassant la branche de l'autre, d'éloigner ainsi cette branche de la muraille pour lui donner de l'air, en palissant soigneusement la partie de l'arbre dont la végétation n'a pas été interrompue ; alors la sève reprendra peu à peu son cours ordinaire dans la branche ainsi éloignée de la muraille. La suppression d'une branche aussi forte ne manquerait pas de donner une rude commotion à l'arbre et mettrait un peu de désordre dans toute son étendue ; son remplacement ne serait pas l'ouvrage d'un jour, et on ne peut d'ailleurs opérer une suppression aussi considérable sans faire une large plaie qui altère l'état naturel de l'arbre.

C'est toujours une chose fâcheuse que d'enlever à un arbre qui a acquis 14 mètres d'étendue un des membres de sa charpente ; car, comme la branche de remplacement n'a pas été préparée d'avance, il est difficile d'en trouver une qui ne fasse pas une courbe ou un coude fort désagréable à l'œil en même temps qu'il reste toujours une lacune qui est longtemps à disparaître. Quoiqu'une branche cesse de végéter, si elle n'est pas souffrante, ce que l'on apercevrait facilement à la couleur jaune de ses feuilles et à leur maigreur, il n'y a aucun motif pour la faire disparaître. La mettre plus à l'aise, la placer dans une direction un peu plus verticale sont les seuls moyens de la ramener à son état normal.

Il arrive aussi qu'à la suite d'un printemps peu favorable, tel a été celui de 1848, que les pêchers sont attaqués de la maladie de la gomme ; des rameaux fruitiers taillés à quatre ou cinq yeux perdent les bourgeons qui commençaient à pousser. Lorsque la maladie s'est déclarée de telle sorte que les fruits qui avaient noué restent nus sur le rameau, la sève ne les abandonne pas, et pour peu qu'ils se trouvent abrités, ils parviennent à maturité. On pourrait peut-être supposer que n'étant pas accompagnés d'un bourgeon ils seront obligés de quitter l'arbre, mais il paraît qu'il n'en est pas ainsi, et que les fruits continuent d'attirer à eux la sève nécessaire à leur accroissement. Jusque-là j'avais bien vu des fruits nus, isolés un à un, auxquels je ne portais pas grande attention ; mais l'an dernier j'ai possédé une branche sur laquelle il y en a eu trois qui ne le cédaient pas aux autres pour l'embonpoint.

Quand on fait un jardin neuf, il peut fort bien arriver qu'au moment d'exécuter la plantation les travaux préparatoires ne soient pas terminés. Pour obvier à cet inconvénient, un jardinier un peu habile peut faire confectionner des mannequins de 40 centimètres de large par le haut, 45 par le fond et munis de deux petites anses ou poignées afin de pouvoir les porter plus facilement. On rabat les pêchers à la hauteur de 12 à 15 centimètres. S'il se rencontre quelques racines qui aient été rompues, il faut les rafraîchir à la serpette. On prépare à l'avance une certaine quantité de terre végétale prise à la superficie du sol au milieu d'un carré, faisant en sorte qu'elle ne soit pas humide, on la passe au gros crible. Cette terre étant ainsi ameublie, on place son arbre dans le mannequin avec la précaution de ployer doucement les racines sans les blesser ; on introduit la terre entre les racines en secouant légèrement le mannequin à plusieurs reprises, puis on pousse l'arbre en l'inclinant dans la direction qu'on veut qu'il ait lorsqu'on le mettra en place ; enfin on assurera et on bornera les racines en appuyant la main entre le mannequin et celle-ci ; mais avant d'appuyer ainsi la terre, il faudra s'assurer que la greffe du pêcher soit élevée au moins à 10 centimètres au-dessus du bord du mannequin. L'opération terminée, il faut verser quelques litres d'eau propre sur la terre de chaque mannequin pour achever de fixer la terre aux racines et les maintenir fraîches ; porter de suite tous ces arbres ainsi plantés dans quelque tranchée de couche à melons, ou, si on n'en a pas, en ouvrir une et les déposer à côté les uns des autres en ayant soin d'introduire de la terre entre tous les mannequins pour maintenir l'humidité nécessaire à la naissance des racines, et on garnira le dessus des mannequins de 5 à 6 centimètres d'épaisseur de fumier de cheval réduit ou de feuilles d'arbres pour les garantir pendant l'hiver.

A l'époque de la plantation, rien ne sera plus facile que d'enlever ces arbres et de les porter à leur destination. Il ne s'agira que d'ouvrir un trou dans la terre qui a dû être préparée à cet effet et de déposer les mannequins le plus près possible de la muraille et de fixer la terre autour en l'appuyant légèrement. Il n'y a pas à toucher à l'arbre, puisqu'il se trouve dans la disposition naturelle qu'il doit avoir. Toutefois, il faut avoir soin que les bords du mannequin soient recouverts d'au moins 5 centimètres de terre, après quoi on peut, pour maintenir l'humidité, répandre un peu de paillis à 65 centimètres environ autour du pied de l'arbre pour maintenir l'humidité et empêcher le soleil de dessécher la terre; car une telle plantation peut être faite en plein été : dans ce dernier cas il serait nécessaire de donner de temps en temps un arrosoir d'eau à chaque pied d'arbre, et même le soir des jours de chaleur les arroser à la pomme par-dessus les feuilles en manière de pluie, afin de maintenir et accélérer leur végétation.

Paris. — Imprimé par E. Thunot et Cie, rue Racine, 26.

www.ingramcontent.com/pod-product-compliance
Ingram Content Group UK Ltd.
Pitfield, Milton Keynes, MK11 3LW, UK
UKHW012101240726
13965UKWH00004B/1456